紫杉醇绿色提取与先进递送技术

赵修华　吴铭芳　王玲玲　著

科　学　出　版　社

北　京

内 容 简 介

本书整理了作者多年来在紫杉醇绿色提取及高效递送系统领域的研究工作，详尽地阐述了相关技术的研究内容及成果，共4篇。第一篇概述了紫杉醇来源、药理特性及制备工艺。第二篇介绍了紫杉醇绿色提取技术，研究了超高压提取工艺，以及超高压辅助胶束溶液提取纯化紫杉醇的工艺，探究了超高压辅助胶束溶液提取紫杉醇的机理。第三篇和第四篇分别介绍了口服型紫杉醇递送体系构建、注射型肿瘤靶向紫杉醇递送体系构建，探究了纳米药物的安全性、生物相容性及肿瘤治疗药效性，为实现红豆杉资源的开发与应用一体化提供技术支撑。

本书可作为从事紫杉醇及相关研究的科研人员、教师和研究生的参考书，也可供相关制药企业的技术人员和管理人员参考使用。

图书在版编目（CIP）数据

紫杉醇绿色提取与先进递送技术/赵修华，吴铭芳，王玲玲著. —北京：科学出版社，2023.11

ISBN 978-7-03-069333-4

Ⅰ.①紫…　Ⅱ.①赵…②吴…③王…　Ⅲ.①红豆杉科–二萜烯生物碱–提取　Ⅳ.① TQ464.4

中国版本图书馆 CIP 数据核字（2021）第 132535 号

责任编辑：张会格　刘　晶/责任校对：郑金红
责任印制：赵　博/封面设计：王　浩

科 学 出 版 社 出版
北京东黄城根北街 16 号
邮政编码：100717
http://www.sciencep.com
北京建宏印刷有限公司印刷
科学出版社发行　各地新华书店经销

*

2023 年 11 月第 一 版　开本：720×1000　1/16
2024 年 9 月第二次印刷　印张：12 3/4
字数：257 000
定价：198.00 元
（如有印装质量问题，我社负责调换）

前　　言

自 20 世纪中叶以来，人类面临的环境污染日趋加剧、生活环境不断恶化，人们与致癌因素的接触越来越紧密，导致恶性肿瘤的发病率逐年递增，已经超过心脑血管疾病而成为人类健康最大的"敌人"。2012 年全球约有 1400 万新发癌症病例，2015 年约有 880 万人死于癌症，2020 年确诊癌症的患者数达 1930 万人、死亡约 1000 万人。目前我国癌症防治形势十分严峻，每年新发癌症病例约 310 万、死亡约 250 万。癌症发病对国家、社会和个人造成沉重的经济负担和心灵创伤。世界卫生组织（WHO）和各国政府卫生部门都把攻克癌症列为一项首要任务。

为了寻找安全有效的抗肿瘤新药，科研工作者将目光投向自然界中的天然产物。美国国家癌症研究所（National Cancer Institute，NCI）曾对世界上 35 000 多种植物的提取物进行了活性评价，紫杉醇就是这一宏大筛选计划的产物。紫杉醇作为一个具有抗癌活性的二萜生物碱类化合物，其新颖复杂的化学结构、广泛而显著的生物活性、全新独特的作用机制、奇缺的自然资源使植物学家、化学家、药理学家、分子生物学家们产生了极大的研究兴趣，使其成为 20 世纪下半叶举世瞩目的"抗癌明星"和研究重点。

自 2004 年开始针对抗癌药物进行研究起，紫杉醇就引起了笔者极大的兴趣，经过十几年不断的探索和钻研，在国家重点研发项目课题（2017YFD0600706）的支持下，笔者带领吴铭芳博士和王玲玲博士针对紫杉醇的提取、纯化及水溶性改善等方面进行了深入研究，并获得了一些创新性的研究成果。笔者将近年来针对紫杉醇的研究成果进行总结、整理，编著此书是希望自己的研究经验能够给紫杉醇研究工作者提供一定的参考，为紫杉醇的科研"大厦"加一块砖、添一片瓦。

红豆杉（*Taxus wallichiana* var. *chinensis*）是一种古老的树种，其在地球上的历史可以追溯到 250 万年以前，为第四纪冰川遗留下来的濒危天然珍稀抗癌植物，被人们视为植物世界中的"活化石"。我国生长的红豆杉属植物包括中国红豆杉（*Taxus chinensis*）、西藏红豆杉（*Taxus wallichiana*）、东北红豆杉（*Taxus cuspidata*）、云南红豆杉（*Taxus yunnanensis*）和南方红豆杉（*Taxus chinensis* var. *mairei*）。红豆杉属植物的树皮、种子和枝叶中含紫杉醇、三尖杉宁碱、7-表紫杉醇、10-去乙酰基巴卡亭Ⅲ等重要生物活性物质，其作为国际上抗癌药物来源的重要树种，颇具开发价值。

1963 年，天然抗癌药物紫杉醇被 Wani 和 Wall 首次从短叶红豆杉（*Taxus brevifolia*）树皮中分离出来，成为抗癌药物的"启明星"。随后，紫杉醇被美国国家癌症研究所（NCI）列为长期研究对象，并探究其抗癌的机制。1992 年，紫杉醇被美国食品药品监督管理局正式批准作为晚期卵巢癌的新兴抗癌药物，具有广谱药效的紫杉醇被广泛应用于临床。在众多的植物资源中，红豆杉属植物含有的紫杉醇类化合物最为丰富，因此，作为重要资源的红豆杉已成为大众瞩目的经济植物。我国现有传统紫杉醇生产工艺主要采用溶剂浸泡提取，操作方法简便，但提取时间较长，且在提取的过程中需要使用乙醇等易挥发的有机溶剂提取有效成分，因而获得的有效成分同时也含有多种杂质，为后期的分离工作增加了难度。目前，企业十分需要有效、绿色环保、省时的新兴紫杉醇提取工艺代替传统的提取技术，从而提高经济收益并加强对自然环境的保护。

21 世纪是生物的世纪，生物医药产业是新时期的"朝阳产业"，尤其是抗癌药物的研发和生产将成为社会永恒的科研课题及经久不衰的产业。紫杉醇作为有效的抗肿瘤特色药物已广泛应用于临床，其通过抑制微管蛋白的聚合来发挥抑制癌细胞增殖的活性，临床表现效果尤为显著。但紫杉醇的非特异性使患者表现出一定的过敏反应，其较差的水溶性也是导致生物利用度低的主要原因。目前，临床研究中将纳米给药系统作为改善药物水溶性及生物利用度的解决策略之一。市场提供的紫杉醇药物的给药途径多数为静脉注射递送，口服给药输送系统还未成熟。因此，靶向递送响应释放的注射给药剂型和水溶性的口服给药剂型是众多科学家热衷的研究课题。

本书在赵修华教授的精心策划下，由东北林业大学紫杉醇水溶性制剂研究团队共同努力完成，是对紫杉醇绿色提取工艺技术，以及多功能、多途径的纳米药物制备工艺多年研究成果的汇总。本书对我国植物提取物产业的发展，以及多种紫杉醇剂型的制备具有借鉴作用。

限于著者水平有限，本书难免有不妥之处，恳请各位读者提出建议和批评！

著 者

2022 年 6 月

目　　录

第一篇　紫杉醇来源、药理特性及制备工艺概述

第二篇　紫杉醇绿色提取技术

第三篇　口服型紫杉醇递送体系构建

第一篇

紫杉醇来源、药理特性及制备工艺概述

第1章 绪 论

红豆杉由于富含生物碱、黄酮、糖苷、甾醇和酚类化合物,成为当今被人类认识和开发利用的珍贵树种。红豆杉有较高的药用价值,在我国传统医药领域中对消炎、利尿以及通经络等方面有明显疗效。红豆杉中分离出的活性化合物紫杉醇(paclitaxel),在抗肿瘤方面具有显著的功效,尤其是对乳腺癌、卵巢癌有一定的治愈率。紫杉醇主要存在于红豆杉的树皮、果实和叶片中,1992 年被美国食品药品监督管理局(FAD)批准应用于临床。然而红豆杉中低含量的紫杉醇无法满足市场需求,且传统的提取工艺一般采用有机溶剂长时间浸渍,既耗时,又不环保,而且杂质比重大,为后续的纯化工作带来众多困难,因此迫切需要开发一种高效、省时、环保的提取技术以提高紫杉醇的利用率。

我国红豆杉有 4 种 1 变种,即东北红豆杉(*Taxus cuspidata*)、云南红豆杉(*T. yunnanensis*)、西藏红豆杉(*T. wallichiana*)、中国红豆杉(*T. chinensis*)及中国红豆杉的变种南方红豆杉(*T. chinensis* var. *mairei*),分布于我国西南、东北、东南及台湾等地。

1.1 红豆杉的起源

红豆杉属植物属于第四纪冰期孑遗的古老物种,曾经分布于白垩世、始新世时期的北温带等区域。经历过冰川时期的考验,红豆杉植物已消失了大半,但在森林上层的建群种依然存在红豆杉的身影。红豆杉生长速度缓慢,在同一海拔区域内易被其他物种所替代,但红豆杉的萌生能力强,可在次生林分中有大量分布,使物种得到有效的保存。

1.2 红豆杉生物学特性

1.2.1 生长特性

红豆杉属植物为常绿乔木或灌木、雌雄异株的异花授粉植物,属阴性树种,为典型的浅根植物,主根不明显,侧根发达。球花小,单生于叶腋,雄球花具柄,基部有鳞片,呈头状;雌球花胚珠顶生,基部有珠托,呈盘状,下部有苞片,数枚;种子坚果状,球形,生于杯状肉质的假种皮中,成熟时肉质假种皮红色。红豆杉对气候的变化比较敏感，特别是对温度、光照和湿度的要求较高。红豆杉喜好偏酸性、排水良好、松散、湿润、肥沃的土壤环境。幼苗喜好阴凉、忌晒，育苗及移植第一年需遮阴护理。成熟林常见于乔木林下第二、三层，多为散生，极少有大面积天然纯林存在。红豆杉萌发力强，耐修剪，耐寒。其天然更新方式有两种：种子繁殖和无性萌芽繁殖。红豆杉长势缓慢，寿命较长，树龄在100年以上时，其胸径仅达到40 cm。

1.2.2 生态适应性

红豆杉属植物对土壤的适应能力较强，适宜在湿润、排水良好的土壤上生存。红豆杉抗寒能力强，可以耐−25℃的极端低温，耐干旱，不耐涝。红豆杉是典型的阴性树种，散生，极少团块状分布，常处林冠乔木的第二或第三层。冠层郁闭度在0.5～0.6的幼树和成树生长状态良好，郁闭度增大则生长趋势逐渐减弱。幼龄期植株经强光照射会萎蔫死亡，在散射光下生长良好。红豆杉的地势分布坡向性不明显，多分布在阳坡、半阳坡、阴坡、半阴坡等，阴坡、半阴坡的坡中位和坡下位分布较集中，在坡上位水湿条件较好的夷平地带分布较少。

1.3 东北红豆杉概况

1.3.1 植物学研究

东北红豆杉（*Taxus cuspidata*）属裸子植物亚门（Gymnospermae）松杉纲（Coniferopsida）红豆杉目（Taxales）红豆杉科（Taxaceae）红豆杉属（*Taxus*），别名紫杉、米树、宽叶紫杉等（图1.1）。东北红豆杉是针叶类乔木或灌木，属于第三世纪古老的植物物种，树高可达20 m，胸径可达40 cm，树皮为红褐色伴有裂纹状；大枝为平展或斜展，小枝为宿存芽鳞，当年生枝为绿色，秋后生枝为红褐色；二年枝为红褐色；冬芽为浅褐色，芽鳞前端渐尖，面有纵脊。叶排成"V"字不规则展开，呈线形或镰状，叶长1.5～2.5cm，叶宽1.5～2cm，叶面深绿色，伴有光泽感，叶底面有两条黄褐色气孔线。雄球花含有雄蕊9～14枚，含5～8个花药；种子呈椭圆形，深褐色，上部具有2或3条钝纵棱脊，6mm长，顶端含有小钝尖头，开口假种皮覆于外层，成熟时为鲜红色。花期5～6个月，种子于9～10月成熟。东北红豆杉耐寒，属耐阴树种，生长于土壤肥沃、潮湿、排水系统好的棕色森林土，沼泽地、岩石地则不宜生长。东北红豆杉在中国分布于黑龙江地区、松花江流域以南及吉林长白山等地带。

图 1.1 东北红豆杉

1.3.2 资源分布

东北红豆杉分布于中国东北地区，生长于海拔 600～1200m 处以白桦、红松、紫椴、山杨等为主的针阔混交林。在吉林省长白山区具体分布于安图、抚松、汪清、浑江、通化、长白地区，向南至辽宁省东山区的凤城、宽甸等，向北延伸至黑龙江省小兴安岭南部的东宁、鸡西和宁安等地。东北红豆杉自然分布地域极窄，年净生长量低，资源储备不足，其树皮、枝叶的采收量有限。

1.3.3 资源价值

具有 250 万年以上进化历史的东北红豆杉，最引人注目的是其医药价值，树皮、茎和枝叶均可入药。东北红豆杉植株体内含有有效抗癌化学成分紫杉醇，被世人称为"绿色黄金"和"征服癌症的希望之树"（Shen et al.，2000）；中医认为东北红豆杉具有利尿和通经络的功效。此外，东北红豆杉全年常青，树形美观，花黄果红，可作为观赏盆景。其木材纹路美观，颜色为赤褐色，材质不含松脂且具有坚韧性，是雕刻装饰品、家具木器的珍贵材料。

1.4 红豆杉化学成分研究

东北红豆杉中的主要成分大致可以分为以下几类：紫杉烷类、黄酮类、生物碱类、甾体类、糖苷类、多糖类、有机酸类、挥发油等（杨星星等，2016；Morikawa et al.，2010；Kobayashi and Shigemori，2002）。

1.4.1 紫杉烷类化合物

研究表明，从东北红豆杉的各部位可以提取百余种紫杉烷类二萜化合物，这些化合物的结构中常含有双键、羰基、羟基、木糖基、肉桂酰基、乙酰氧基等功能基团。具有代表性的紫杉烷类化合物有紫杉醇、7-表紫杉醇、7-表-10-脱乙酰基紫杉醇、三尖杉宁碱、巴卡丁Ⅲ、10-脱乙酰基巴卡丁Ⅲ等（图 1.2）。部分紫杉烷类化合物的分子结构如图 1.2 所示（Wang et al.，2019；王楷婷等，2017；华芳等，2013）。

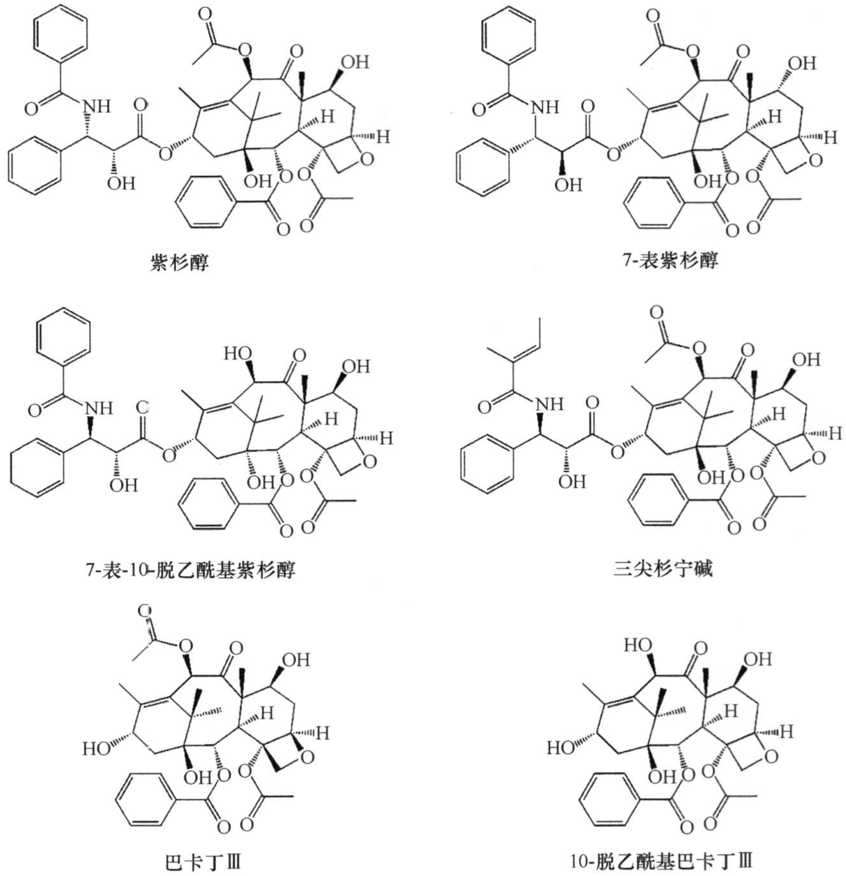

紫杉醇　　　　　　　　　　　　7-表紫杉醇

7-表-10-脱乙酰基紫杉醇　　　　　　三尖杉宁碱

巴卡丁Ⅲ　　　　　　　　10-脱乙酰基巴卡丁Ⅲ

图 1.2　东北红豆杉中部分紫杉烷类化合物的分子结构

1.4.2　黄酮类化合物

东北红豆杉叶中的黄酮类化合物主要以槲皮素苷类化合物为主，伴随有少量游离的黄酮类化合物。目前，从东北红豆杉中分离出来的重要黄酮类化合物有槲皮素、山柰酚、金松双黄酮、银杏素等。部分黄酮类化合物的分子结构如图 1.3 所示（卫强和杨俊杰，2019）。

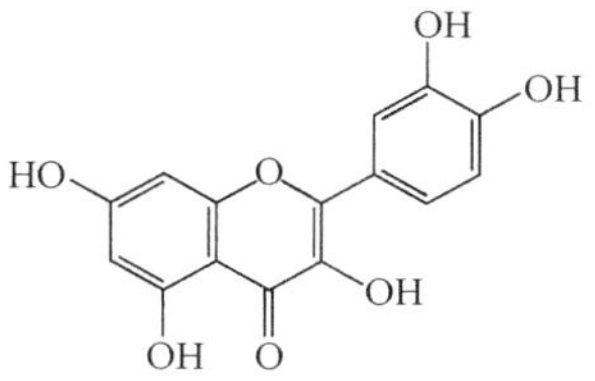

槲皮素

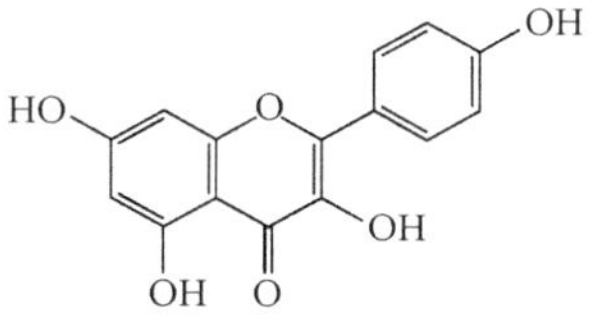

山柰酚

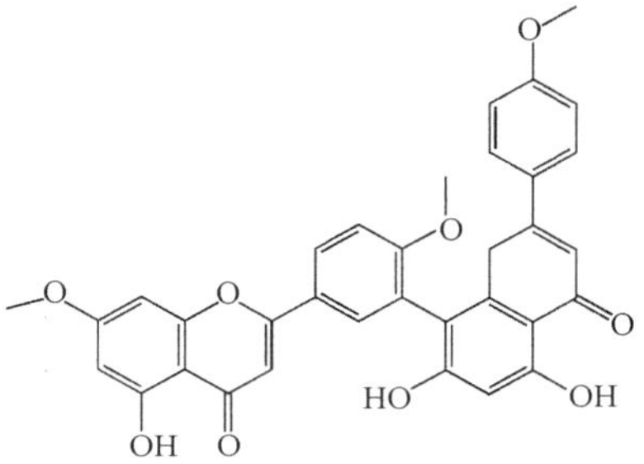

金松双黄酮

图1.3 东北红豆杉中部分黄酮类化合物的分子结构

1.4.3 多糖类化合物

目前从东北红豆杉中分离得到的多糖类物质有红豆杉多糖-1（PTM-1）、红豆杉多糖-2（PTM-2）、红豆杉多糖-3（PTM-3）、多糖组分TMP70S-1、多糖组分TMP90W、多糖组分PSY-1、多糖组分CPTC-2等（Zhu and Chen，2019；徐蕊等，2013）。

1.4.4 挥发油

目前从东北红豆杉中提取到的挥发油成分主要有邻苯二甲酸二异辛酯、2,6-二叔丁基对甲苯酚、3-己烯-1-醇、7,9-二叔丁基-1-氧杂螺[4,5]癸-6,9-二烯-2,8-二酮、邻苯二甲酸单乙基己基酯、十六酸、乙苯、对二甲苯、苯甲醛等（Luiz et al.，2019；张国艺，2013）。

1.5 紫杉醇研究概况

紫杉醇的发现源于美国国家癌症研究所的一项计划，该计划主要是在数万种植物、细菌和真菌中筛选出具有抗癌活性的成分。研究者们发现，一种生长在太平洋西北部的常绿植物，又被称为太平洋紫杉，其树皮的粗提物对许多癌细胞具有抑制作用，而后从该植物提取物中提取出了一种抗癌活性成分，即紫杉醇。因紫杉醇在植物体中含量非常低，并且红豆杉属植物生长缓慢，研究如何尽可能高效地提取、分离紫杉醇具有十分重要的意义。

1.5.1　紫杉醇理化性质

紫杉醇存在于红豆杉属植物内，是一种从红豆杉植物中提取分离的次级代谢产物，分子式为 $C_{47}H_{51}NO_{14}$，相对分子质量 853.91。紫杉醇的物理状态为白色结晶粉末，比旋度 49.0°～55.0°，熔点 213℃，沸点 774.66℃，易溶于甲醇、三氯甲烷、乙醇等，在乙醚中微溶，在水中几乎不溶。

1.5.2　紫杉醇合成途径

紫杉醇是一种结构复杂的二萜类化合物，含有 11 个立体中心、1 个 17 碳的四环骨架。紫杉醇生物合成途径主要分为三个阶段：①紫杉醇环母核结构的合成，经过一系列官能团反应，获得最终产物巴卡亭Ⅲ；②合成了苯基异丝氨酸侧链；③巴卡亭Ⅲ的 C13 位催化后再羟化得到 3′N-去苯甲酰紫杉醇，通过酶催化，侧链 C3′位 N-苯甲酰化生成紫杉醇（匡雪君等，2016）。

1.5.3　紫杉醇抗肿瘤作用机制

紫杉醇对乳腺癌、卵巢癌、非小细胞肺癌等具有明显的治疗效果，主要是通过抑制微管解聚，使肿瘤细胞终止有丝分裂而死亡。紫杉醇能与细胞微管蛋白结合，且具有促进微管聚合及抑制微管解聚的功能，从而降低了细胞分裂所需微管蛋白的含量，使生理平衡向微管的装配一端移动，促使微管蛋白聚合，防止微管解聚，从而导致微管束功能丧失，细胞在分裂过程中无法形成纺锤丝及纺锤体，使得细胞无法复制，抑制了细胞的分裂，最终达到抑制肿瘤细胞生长的目的。紫杉醇是至今唯一一种抑制微管蛋白解聚的植物次生代谢产物。

1.5.4　紫杉醇临床应用

1. 治疗乳腺癌

乳腺癌是女性群体中常见的恶性肿瘤之一，发病率居女性肿瘤疾病之首，全球每年约有 130 多万患者患有此病（Siegel et al.，2018），其中三阴性乳腺癌是侵袭能力最强的乳腺癌种类之一。研究表明，三阴性乳腺癌对紫杉醇药物具有较高的敏感性；此外，紫杉醇联合其他药物表现出更好的治疗效果，例如，三阴性乳腺癌与蒽环类药物联合化疗，取得了不错的治疗效果；紫杉醇与表柔比星药物联合治疗三阴性乳腺癌效果良好，并取得了进一步研究成果（韩忠良，2015）。李小江等（2020）采用香菇多糖注射液联合紫杉醇考察了 60 例乳腺癌患者的治疗效果，结果表明紫杉醇联合香菇多糖注射剂对三阴性乳腺癌具有较好的临床疗效。

2. 治疗非小细胞肺癌

非小细胞肺癌是肺癌疾病中典型的癌症疾病，此类疾病在早期症状不明显，所以不宜被患者发现，当确诊时很大程度上即为中晚期，此时需采用化疗和放疗结合的治疗手段（宋晓等，2016），毛俊年等（2015）报道了紫杉醇联合三维适形放疗对非小细胞肺癌的治疗，研究了 80 例患有非小细胞肺癌晚期的患者，使用剂量为 70～75Gy，每次 2.5Gy，每周 5 次治疗，同时联合紫杉醇注射液，每周一次进行注射治疗，治疗结果良好，达到 92.5% 的治疗率，不良反应发生率为 5.0%，说明紫杉醇对于治疗非小细胞肺癌具有明显的治疗效果，为临床应用提供了实用价值。

3. 治疗卵巢癌

卵巢癌在临床中是女性群体常见的恶性肿瘤之一，发病率和致死率较高，初期症状不明显，不易被患者察觉，待发现时常常已经发展至晚期，此时化疗是临床中惯用的治疗方法。紫杉醇联合顺铂治疗卵巢癌是临床中比较成熟的治疗手段，刘宝丽等（2020）报道了紫杉醇联合顺铂治疗卵巢癌的实例。此外，王静等（2018）探讨了紫杉醇联合卡铂对卵巢癌治疗的效果，调查了 90 例卵巢癌患者，结果显示紫杉醇联合卡铂对患者的有效率为 77.8%，且不良反应发生率是 22.2%，转移率为 15.6%，与紫杉醇联合顺铂对照组相比，具有更好的治疗效果。

4. 治疗胃癌

胃癌为临床中常见的一种恶性肿瘤，发病率较高，临床上采用化疗、放疗的方式给予治疗。高玉杰和朱红岩（2019）报道了紫杉醇联合卡培他滨药物在晚期胃癌中的治疗效果，以 30 例胃癌晚期患者为观察对象，随机分配两组，观察组使用卡培他滨联合顺铂治疗，治疗组使用卡培他滨联合紫杉醇治疗，治疗 4 周后，患者病情均有缓解，而治疗组的有效率高于观察组。紫杉醇与卡培他滨联合化疗的治疗方式，对胃癌患者疗效显著，可为临床研究带来希望。

1.6 紫杉醇的药理作用

紫杉醇属于紫杉烷类药物中的一种，是具有突出抗癌活性的二萜生物碱类化合物。目前紫杉醇已经广泛应用于卵巢癌、肺癌、乳腺癌和部分头颈部肿瘤的临床治疗。

1.6.1 抗肿瘤作用

从东北红豆杉中分离的紫杉烷二萜类化合物具有抗肿瘤的功效，其通过结合微管防止其解聚，稳定微管的结构，从而阻止纺锤体的形成，使癌细胞在 M 和 G_2 期中断分裂和增殖，导致其死亡，进而达到抗肿瘤的效果（吕旭辉，2018）。紫杉醇对人体肿瘤 LX-1 肺癌、MX-1 乳腺癌、CX-1 结肠癌和黑色素异种移植瘤等均具有显著的抑制作用。紫杉醇可联合顺铂共同作用治疗妇科肿瘤疾病，相比于环磷酰胺联合顺铂治疗而言，治疗的效率更高，因此将其作为卵巢癌晚期的标准治疗方案。王涛等采用紫杉醇治疗了 22 位乳腺癌患者，有效率为 63.6%（王涛等，2004）。此外，紫杉醇对非小细胞肺癌、头颈部肿瘤也有一定的治疗效果。

1.6.2　抗菌抗病毒作用

据报道，从红豆杉分离获得的 7 种结构类型的 38 种黄酮类具有抑菌作用，实验发现，杨梅素和木犀草素对细菌的抑制作用明显，木犀草素可有效地抑制伯克霍尔德菌的生长。金黄色葡萄球菌受甘草黄酮类化合物抑制较明显，其抑制作用与链霉素相当，对绿脓杆菌和大肠杆菌也有一定的效果（Xu and Lee，2001）。此外，双黄酮类、山奈酚等对 HIV 病毒有一定抑制作用（黄华艺和查锡良，2004）。

1.6.3　抗氧化抗辐射作用

东北红豆杉中的黄酮成分如芹菜素、木犀草素、茶多酚、儿茶素、芦丁、槲皮素等均具有显著的抗氧化功效，通过清除自由基的方式避免氧化反应带来的损害。研究证明，具有多羟基的黄酮类化合物，其清除自由基的效果更明显（高昕，2005）。此外，黄酮类化合物对辐射有一定的阻拦能力，槲皮素是一种天然的黄酮类化合物。通过体外和体内槲皮素抗辐射实验进行验证，采用 $^{60}Co \gamma$ 射线对人外周血淋巴细胞照射用以监测细胞增殖，同时检测小鼠脾 LPO 和骨髓 DNA 的含量。结果显示，槲皮素有能力抵抗淋巴细胞被射线辐射的伤害，亦可以降低脾 LOP 的含量，由此证明了槲皮素具有抗辐射的能力（刘重芳等，1992）。

1.6.4　降血糖作用

薛平和姚鑫（2016）对东北红豆杉中枝叶的不同位置进行提取，经过体外试验验证了东北红豆杉的乙酸乙酯提取物对 α-葡萄糖苷活性具有明显抑制效果，并且在胰岛素抵抗 HepG2 细胞对葡萄糖消耗过程中具有明显的抑制作用，醇提液浓度为 0.01mg/mL 时降血糖作用最明显。此外，红豆杉中的黄酮类、酚类和萜类化合物均有抑制血糖升高的效果。

第2章 现有提取工艺研究

2.1 现有绿色提取工艺研究进展

2.1.1 超声波提取技术及应用

超声波是一种机械波，有效频率一般在 20～50 kHz。超声波提取是将超声波产生的空化、振动、粉碎、搅拌等综合效应应用到天然产物成分提取工艺中，通过破坏细胞壁，增加溶剂穿透力，从而提高提取率、缩短提取时间，达到高效、快速提取细胞内容物的过程。超声波提取不对提取物的结构、活性产生影响（Quan et al.，2009），与传统提取方法相比具有速度快、提取率高、温度低、节约溶剂等特点，因而应用广泛，不受成分极性、分子质量大小的限制，适用于绝大多数有效成分的提取。此外，超声波提取法还具有操作简单易行、提取料液杂质少、有效成分易于分离和纯化等特点，综合经济效益显著，是一种辅助传统浸取，实现高效、快速、节能的现代高新技术之一（谷勋刚，2007）。

1. 超声波提取生物碱类成分

超声波提取技术最早应用于生物碱类成分的提取。Bose 和 Sen（1961）比较超声辅助和单一溶剂浸提两种方法从罗芙木属植物的根中提取生物碱，得到几乎相等的提取率超声波提取法只需 15 min，而溶剂浸提法则需要 8 h。Demaggio 和 Lott（1964）利用超声波提取技术从曼陀罗叶片中提取曼陀罗碱，用时 30 min 得到的样品比用常规煎煮法提取 3 h 得到的样品含碱量高 9%。用超声波从黄连中提取小檗碱，所得到的小檗碱提取率比碱性浸泡 24 h 高 50% 以上（郭孝武，1998）。应用超声波技术辅助提取药材生物碱，可以缩短提取时间且可有效提高生物碱含量，但因植物类药材中生物碱的成分各不相同，所应用的超声波技术各有不同。

2. 超声波提取苷类成分

苷类成分提取常用有机溶剂加热回流、水浸提取等方法，但这些方法耗时、高温的缺点易使苷类成分被破坏，而超声波提取具有高效、快速的优点，可以避免苷元结构遭破坏。郭孝武（1998）进行了常规法与超声法提取几种中药材苷类成分的研究，在提取时间上，黄芩苷常规法耗时 180 min，超声法 40 min；芸香苷常规法需静置 16 h，超声法 0.5 h；蒽醌苷常规法需 180 min，超声法 10 min。结果显示，超声波提取法比常规法在提取率和提取时间上有很明显的优势。超声波提取法还可应用于重楼总皂苷、三七总皂苷等的研究，结果均表明其与常规法相比具有高效、快速的优点。

3. 超声波提取糖类成分

糖类多存在于植物细胞液中，植物的纤维、细胞黏液等对糖分的溶出有很大的阻碍，超声波提取技术应用于各种糖类有效成分的提取，比常规方法可获得更好的效果。周广麟和祁东梅（2008）研究超声波辅助预处理甜菜、甜高粱秸秆和甘蔗等糖料植物，用于提高纤维酶解提取率，结果表明，采用超声波预处理可以有效提高提取率，比未经预处理的提取率相应高出50%。Yue等（2010）利用超声提取法从马尾藻中提取多糖和多酚，在超声时间为40 min、超声功率为330 W、固液比 1∶36 g/mL 的最优条件下，多糖的提取率可以达到12.63%；而在超声时间为102 min、超声功率为377 W、乙醇浓度为62%的最优条件下，总多酚的提取率可以达到11.45%。罗登林等（2010）探讨了超声对菊芋中菊糖提取的影响，菊糖提取率可达94.23%，具有工艺简单、提取时间短、温度低、提取率高等优点，并且超声并不影响水溶性多糖的生物性能，目前已广泛应用于糖类有效成分的提取（Hromadkova et al.，2002）。

4. 超声波提取酮类成分

黄酮提取的传统工艺，如有机溶剂浸提法、酸解法、水加热提取法，具有操作费时、溶剂量大、成本高、苷元易被破坏的缺点。超声波提取利用超声波产生的空化作用，能使溶剂充分、快速地渗透入提取物内部，并具有加热的作用，有利于苷元的浸出，已广泛应用于酮类有效成分的提取。Routray 和 Orsat（2012）利用超声波提取技术从韩国大豆中提取异黄酮，在超声波频率为 20 kHz、提取时间为 10 min 时，提取率达到最高，是浸渍法的 3 倍以上。王延峰等（2002）用超声波提取银杏叶黄酮，并与连续热回流的索氏提取法进行比较研究，发现热回流提取法的提取时间是超声波提取法的4～12倍。何春霞和曹文尧（2011）采用正交优化试验，以总黄酮提取率作为考察指标，对影响欧洲鳞毛蕨总黄酮超声波提取率的因素进行了研究，结果在最佳提取条件下，其提取率可达 47.86 mg/g，比传统方法高出15%。超声波提取可大幅度地提高有效成分的提取率，可极大地缩短提取时间、节省溶剂。

5. 其他成分的提取

超声波提取技术还可以应用于蒽醌类、多酚类等活性成分的提取。杨黎燕和赵新法（2008）用超声波法和热回流法对决明子中的蒽醌类成分进行提取研究，超声波 20 min 的提取率相当于热回流 1.5 h 的提取率，缩短了提取时间。屈平和胡传荣（2007）应用超声波辅助提取苦荆茶中多酚类物质，提取率为 12.8%，产率提高了 2.8%，并且时间仅为常规法的 50%，温度是常温。余先纯等（2011）采用超声波辅助提取野柿叶中的单宁，应用响应面法对提取条件进行优化，并建立了二次回归模型，单宁的提取量为 203.15 mg/g，比无超声波辅助提取提高了 38.87 mg/g。超声波提取具有高效、快速及无需高温等特点，还可应用于挥发油、萜类、有机酸类等有效成分的提取，并且都取得了很好的效果（廖维良等，2012）。

2.1.2　微波辅助提取技术及应用

与超声波不同的是，微波属于一种频率在 300 MHz 到 300 GHz 的电磁波，微波辅助提取是将微波能与物质的分离纯化耦合起来的快速有效手段之一。电磁波可以穿透萃取介质，进入到被萃取物料的内部，微波能快速转化为热能而使得细胞内部的温度迅速上升。细胞内的压力高于细胞的承受能力时细胞就会破裂，进而释放出细胞内的有效成分（Sun et al.，2007；Yokosuka et al.，2004）。与传统技术相比较，微波萃取技术可以缩短实验和生产时间、减少溶剂用量、降低能耗及废物的产生，同时可以提高提取率和提取物纯度（王丽昀，2010）。

1. 微波辅助提取多糖类成分

近年来发现多糖类成分具有抗肿瘤、增强免疫等作用。多糖一般采用加水煎煮和浸泡提取，提出率低且费时。张文超等（2001）对微波和超声波强化作用下提取金针菇子实体多糖进行了研究，结果表明，两种方法都能显著提高多糖提取率，超声波可使多糖提取率提高至 76.22%，而微波可使多糖提取率提高至 83.67%，并且确定了微波的最佳处理时间为 3 min。章银良等（2001）采用微波预处理后，海藻糖的提取效果明显好于没有预处理的对照组；同时，海藻糖酶在微波场中失活很快，这是其他常规方法无法达到的。

2. 微波辅助提取黄酮类成分

黄酮类成分常用加水煎煮法、碱提酸沉法、乙醇或甲醇浸泡提取，这些方法费时、费工且提取率低。段蕊等（2001）对微波法提取银杏叶中黄酮类物质的方法进行了研究，用 175 W 微波强度处理 5 min 后，以 80% 的乙醇在 70℃提取 1 h，提取物中黄酮类物质的含量比未经微波处理的高 18.8%。张梦军等（2002）确定了微波辅助提取甘草黄酮的最佳条件，并对微波辅助提取法和水提法进行对比研究，得出了最佳工艺条件如下：固液比为 1∶8（g/mL），乙醇浓度为 38%，加热功率为 288 W，加热时间为 1 min。由此可知，微波辅助提取法提取率（24.6 mg/g）明显高于水提取法（11.4 mg/g）。

3. 微波辅助提取蒽醌类成分

蒽醌衍生物在植物体内存在的形式复杂，游离态与结合态经常共存于同一种中草药中，一般都采用乙醇或稀碱性水溶液提取，因长时间受热而破坏其中的有效成分，影响提出率。郝守祝等（2002）研究了微波输出功率、药材粒径、浸出时间 3 个因素对大黄游离蒽醌浸出量的影响，并与传统提取方法进行了比较。结果表明，微波浸提法对大黄蒽醌类成分的提取效率明显优于常规煎煮法，与乙醇回流法相当，但操作时间远少于乙醇回流法。沈岚等（2002）以大黄、决明子中不同极性的蒽醌类成分、金银花中绿原酸、黄芩中黄芩苷为指标成分，探索了微波萃取对不同形态结构中药及含不同极性成分中药的提取规律。结果表明，微波萃取对不同形态结构中药的提取有选择性，对含不同极性成分中药的提取选择性不显著。

4. 微波辅助提取有机酸类成分

有机酸广泛地存在于植物的各部位，其常规提取费时、费力且提取率低。潘学军等（2001）对微波辅助提取法、热回流法、索氏提取法、室温提取法等提取甘草酸的方法进行了比较，结果表明，微波辅助提取法可明显节约时间、溶剂和能耗，加快了甘草酸从甘草植物组织进入溶剂的过程，是一种适合于从甘草中提取甘草酸的新方法。郭振库等（2002）通过正交试验设计研究了微波提取条件、溶剂选择、微波辐射时间等因素对中药金银花中有效成分绿原酸类化合物提取率的影响。结果表明，微波辅助提取法不仅所需时间短，而且提取率比超声波强化法高近 20%。另外，微波辅助提取技术亦可应用于生物碱类成分、紫杉醇等中药有效成分的提取。

2.1.3　超临界流体萃取技术及应用

超临界流体萃取法是利用超临界流体作为萃取剂进行萃取的一种方法。因为超临界流体兼具气体高度扩散的能力和低黏度液体良好的溶解性，能很快地渗透到固体的孔隙当中，快速进行两相平衡交换，这就大大提高了萃取的效率和速度（Rosello-Soto et al.，2015；Coelho et al.，2012；Pourmortazavi and Hajimirsadeghi，2007）。在超临界流体萃取过程中，萃取温度略高于萃取剂的临界温度，然后经过减压分离出来产品，产品中没有溶剂残留，产品的质量相对较高。超临界流体萃取技术已经广泛应用在天然植物中挥发油和生物活性成分的提取（Marathe et al.，2019；Marinho et al.，2019；Petrovic et al.，2016）。

1. 超临界流体萃取黄酮类物质

黄酮类物质在心脑血管疾病的治疗上具有非常重要的作用，对血管的内皮细胞进行保护，并对血管平滑肌细胞增生进行抑制，从而起到保护血管的作用。采用超临界流体萃取技术对黄酮类物质进行提取，并与乙醇浸取技术进行对比。以银杏叶为例，对其中的总黄酮进行比较，结果表明，采取乙醇提取的方式需要用 10 倍以上的水量回流提取 3 次，每次的提取时间在 2 h；而超临界流体萃取技术利用二氧化碳作为萃取介质，保证压力值在 30～35 MPa，温度在 30～50℃，提取时间为 1～2 h。

2. 超临界流体萃取生物碱物质

生物碱在止痛、松弛肌肉、强心、扩张血管、平喘生津等方面具有很好的效果。以往应用醇提水沉的方法进行生物碱的提取时，需要应用大约 70% 左右的乙醇进行回流提取，在提取后要将提取液进行回收，调节 pH，并采取重结晶和过柱子的方式进行分离。但是应用超临界流体萃取技术就比较简单了，只需要提前利用碱性试剂对原始物质进行预处理，然后在具体的萃取操作过程中应用乙醇夹带剂即可萃取成功。因此这种方式效率更高。

3. 超临界流体萃取糖苷类化合物

糖苷类化合物在肿瘤治疗中的应用非常普遍，主要是因为糖苷类化合物中所含有的糖基成分对于化合物所产生的活性和理化性质具有非常重要的作用。在以往对糖苷类化合物进行提取时，多应用乙醇回流提取的方式。此种方式需要的原材料多、时间长、次数多，且所得产物的纯度有限。超临界流体萃取技术的应用只需要对芍药中的芍药苷进行萃取即可，不仅方便快捷，而且能够省下很多成本，也符合环保的特点。在具体的操作过程中，要对温度和压力进行科学的选择，一般将压力控制在 40 MPa，温度在 45℃ 左右，萃取时间为 2 h，这个过程中需要 95% 的乙醇夹带剂。

4. 超临界流体萃取挥发油

挥发油是一种芳香性的天然药物制剂，所以在天然药物中对其进行提取是非常必要的。天然药物中的挥发油其自身沸点非常低，并且容易出现被氧化的现象，所以在提取过程中必须要注意各种可能会出现的问题，避免对提取结果产生不良的影响。以金银花中挥发油的萃取为例进行说明：如果采用以往的水蒸气蒸馏方式进行萃取，达到最佳萃取水平需要加入多于 6 倍的水量，然后浸泡 8 h，提取 8 h 之后获得金银花的挥发油；超临界流体萃取技术应用二氧化碳作为萃取介质，保证萃取操作环境中压力在 12 MPa 以下，温度在 35℃，对金银花进行 2 h 萃取即可获得挥发油。由此可见，超临界流体萃取技术在挥发油提取中的应用具有提取时间短、效率高的优点，效果更好。

5. 超临界流体萃取萜类化合物

萜类化合物中主要的单元是戊二烯，这是一种天然的烃类物质。研究表明，三萜化合物生理活性强，在消炎、抗菌、抗病毒、抗癌、溶血和降低胆固醇等方面具有非常重要的作用。分别采用乙醇浸提法和超临界流体萃取法对银杏叶中的萜类化合物进行萃取。乙醇浸提的方式是将银杏叶浸泡在 40%～50% 的乙醇水溶液中，80℃温度下进行提取，并采用乙酸、乙醇进行萃取，使萃取物变成水溶液之后上 DM 130 柱进行精制，然后用水溶解，上聚酰胺柱精制，加入适当用量的盐，采用正己烷与乙酸乙酯混合溶剂萃取的方式，萃取 3 次，将萃取液进行合并，浓缩后挥去有机溶剂，干燥即可。超临界流体萃取技术的应用保证压力在 15 MPa、温度在 40℃，夹带剂中乙醇含量为 95%，萃取时间为 1.5 h，即可获取。由此可见，超临界流体萃取技术在萜类化合物的萃取中具有非常大的优势，提升了萃取的效率、降低了萃取的成本，也获得了更加良好的经济效益。

6. 对其他成分的提取

天然药物提取中还需要对其他的药物成分进行获取，在开展具体的萃取工作时要结合不同物质的不同需求进行。提取过程中，要注意压力与温度都要在规定的范围之内，这也需要根据不同的提取物进行针对性的萃取工作。

2.1.4　酶法提取技术及应用

大多数的植物药用成分都存在于植物细胞的细胞质内，而提取溶剂因为有细胞壁的阻碍作用，很难进入到细胞质内进行有效成分的溶出。植物细胞壁是由纤维素、半纤维素和果胶质等物质组成的紧密结构，选用合适的酶来分解细胞壁中的纤维素、半纤维素和果胶质，可使溶剂能够快速提取细胞质内的有效成分（Sanchez-Madrigal et al.，2018；Krakowska et al.，2018；Baby and Ranganathan，2016）。酶可以从微生物、植物和哺乳动物细胞中获得，提取生物活性物质常用的酶有纤维素酶、α-淀粉酶、β-葡萄糖苷酶、木聚糖酶、β-葡聚糖酶、果胶酶等。酶法提取技术具有反应条件温和、节能环保、提取率高等优点，在对多种中药成分的提取上都有较为广泛的应用（Pinyo et al.，2016；Yu et al.，2013；Tu et al.，2008）。

1. 酶法在多糖提取中的应用

Pinyo 等（2016）利用酶提取技术来提取西米髓中的西米淀粉，在最佳的酶处理条件下，提取率高达 71.36%，而没有酶处理条件下的提取率为 61.01%，并且酶处理过程中退火的水热效应提高了淀粉颗粒的稳定性、抗剪切性和结晶完整性。

在苦瓜水溶性多糖的浸提及脱蛋白过程中分别加入纤维素酶和中性蛋白酶，通过正交试验确定其最佳水解条件分别为：纤维素酶，提取温度 50℃，pH 6.0，酶用量 5%；中性蛋白酶，水解时间 48 h，pH 7.0，酶用量 10%。与常规的水溶醇沉法相比，双酶法提取苦瓜水溶性多糖的提取率提高了 1 倍多，含糖量提高了 11.5%，蛋白质含量降低了 75.2%。陈学伟和马书林（2005）等采用纤维素酶提取黄芪多糖，通过正交试验确定了酶解的最佳条件为：水解时间 120 min，酶用量 0.8%，酶解温度 75℃。提取多糖含量 9.78%，总糖质量分数 50.2%，与传统水煮醇沉法相比，分别提高了 3 倍、1.3 倍。

2. 酶法在黄酮类化合物提取中的应用

奚奇辉和李士敏（2004）研究了竹叶经过纤维素酶处理后，再进行水回流提取竹叶总黄酮，与未加酶的提取方法进行对比，结果发现，总黄酮含量比直接水提提高了 23.5%。经检验，两种提取方法的 $P < 0.001$。王晖和刘佳佳（2004）研究了银杏黄酮的酶法提取工艺。银杏叶原料经纤维素酶预处理后浸提，其总黄酮提取率可达到 2.0%，比直接水溶醇沉法提取（1.291%）提高 55.69%。双酶法［纤维素酶，提取温度 50℃，pH 6.0，酶用量 5%；中性蛋白酶，水解时间 48 h，pH 7.0，酶用量 10%］。与常规的水溶醇沉法相比，前者的苦瓜水溶性多糖的提取率提高了 1 倍多，含糖量提高了 11.5%，蛋白质含量降低了 75.2%（陈栋和周永传，2007）。

2.1.5　半仿生提取法及应用

传统给药方式通常都是口服给药，而口服药需要经过胃部的酸性环境和肠道的碱性环境。只有经历这些酸碱环境之后依然可以溶出，才可能是具有药效的有效成分，而不能有效溶出的可能就是无效成分。半仿生提取法就是模拟口服给药以及药物经胃肠转运的过程来进行提取，因为提取的条件不可能与人体胃肠环境完全相同，因此称该方法为半仿生提取法。

Tu 等（2008）利用微波辅助半仿生法提取连翘中的木脂素，通过正交试验确定了最佳提取工艺参数：第一次提取溶剂 pH 为 5.5～6.0，第二次提取溶剂 pH 为 7～8，微波功率为 700 W，连翘与水质量比为 1∶12，辐照时间为 10 min，提取次数为 2 次，在此条件下，木脂素的提取率可达 0.364%。与传统的萃取方法相比，微波辅助半仿生法具有萃取率和选择性高等优点。Yu 等（2013）采用超声辅助半仿生提取法从野生柿叶中提取单宁，在最优的提取条件下，单宁的提取量可达到 226.8 mg/g，远高于未经超声波辅助的提取量，并且与水回流提取法相比其抑菌效果也明显提高。

2.1.6　超高冷等静压法及应用

植物中有效成分的提取主要分为两个过程：原材料浸润及溶质溶解的过程；溶质扩散的过程。原材料浸润、溶质溶解速度及溶质扩散的速度直接决定了提取的效率。超高压提取技术是在常温下快速升高压力（100～1000 MPa）并作用于浸泡在提取溶剂中的原料，然后在设定的压力值下保压一段时间，植物细胞内外的压力达到平衡后，迅速卸压。在快速升高的压力下，提取溶剂迅速渗透到植物内部，随着压力的升高，细胞破裂，细胞内物质与溶剂充分接触并快速溶解，而后超高的压力在几秒内迅速减小为常压，流体及植物中有效成分基质膨胀爆破，导致细胞结构出现松散、破裂的现象，减小细胞内的活性成分向细胞外扩散的阻力，使其快速转移到提取液中，从而实现植物细胞中活性成分高效提取的目的（Jegal et al.，2019；Hu et al.，2015；Shen et al.，2011）。超高压设备的结构简图如图 2.1 所示。超高压提取技术具有耗能少、操作简单、高效、快速、绿色环保等优点，而且超高压提取是在常温下进行，对有效成分的活性起到了很好的保护作用。近年来，超高压提取技术已成为一种发展较快的新型提取加工技术（Chen et al.，2014；Zhu et al.，2012；Jun et al.，2010）。

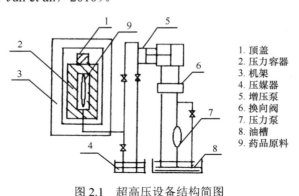

1. 顶盖
2. 压力容器
3. 机架
4. 压媒器
5. 增压泵
6. 换向阀
7. 压力泵
8. 油槽
9. 药品原料

图 2.1　超高压设备结构简图

Jun 等（2010）采用超高压提取法从绿茶中提取主要的儿茶素成分。他们探究了不同的压力对提取率的影响，结果表明在 400 MPa 的压力下 15 min 的提取率与有机溶剂萃取 2 天的提取率相当，这体现了超高压提取技术的快速、高效性。Zhu 等（2012）采用超高压提取技术从八角莲中提取鬼臼毒素和 4′-去甲基鬼臼毒素。他们研究了提取溶剂、提取压力、提取时间、固液比等工艺参数对提取效果的影响，最终确定最优的提取条件为：提取溶剂为 80% 甲醇，提取压力为 200 MPa，提取时间为 1 min，固液比为 1∶12（g/mL）。Chen 等（2014）采用超高压提取法从冬虫夏草中提取了 4 种多糖组分（CMP-1、CMP-2、CMP-3 和 CMP-4）。基于

BBD（Box-Benhnken Design）的响应面法研究了提取条件对粗多糖提取率的影响，结果表明在最佳提取条件下，粗多糖提取率为（14.89±0.68）%。Li 等（2018）利用超高压提取技术来提取蓝靛果果实中的花青素，在提取时间为 7 min、浆果与提取液固液比为 1∶14.70（g/mL）、提取压力为 426 MPa 的最优提取条件下，花青素提取率最高为 3.2385 mg/g，明显高于超声波辅助提取和常规溶剂提取方法的提取率。Wang 等（2018）结合低共熔溶剂法和超高压提取法提取黄芩中的黄芩苷，通过采用不同的低共熔溶剂得到的提取率确定氯化胆碱-乳酸（ChCl-LA，摩尔比 1∶1）为最合适的低共熔溶剂。采用响应面法探究了 ChCl-LA 浓度、提取时间、提取压力以及固液比对提取率的影响。在最佳提取工艺条件下，获得了 116.8 mg/g 的最大提取率，高于传统提取方法所获得的最大提取率。

2.2　紫杉醇提取工艺研究

2.2.1　溶剂萃取法

在从植物体或细胞培养液中对紫杉醇进行粗提取时，常用到溶剂萃取法。当紫杉醇在互不相溶的溶剂中溶解度有差异时，溶解度高的溶剂可以将紫杉醇从溶解度低的溶剂中提取出来，再进行分液、蒸馏或者旋蒸处理，就可得到高纯度的紫杉醇。Wei 等（2018）采用有机溶剂萃取技术提高了悬浮培养的南方红豆杉中紫杉醇的产量，这种技术避免了反馈抑制和产物降解。他们在研究过程中证明油酸和邻苯二甲酸二丁酯可以作为该项提取技术中最合适的溶剂，并且有机溶剂在培养基中的最佳体积百分比为 8% 左右。Lee 和 Kim（2011）采用微波辅助提取法（MAE）从植物细胞培养物中提取紫杉醇，并使用不同的有机溶剂（丙酮、氯仿、乙醇、甲醇和二氯甲烷）和溶剂浓度来测定紫杉醇的提取率。结果表明，甲醇对紫杉醇的回收率最高（接近 93%），并在 MAE 过程中导致生物质表面出现严重的破裂。与常规的溶剂萃取法相比，MAE 方法一次提取可回收大部分的紫杉醇（＞99%），而常规的溶剂萃取法一次提取仅可回收 54% 的紫杉醇。

2.2.2　固相萃取法

近些年，固相萃取法在实验室提取样品中得到了越来越广泛的应用（Yang et al.，2019；Jin et al.，2017；Oniszczuk et al.，2015；Nasiri et al.，2015；Yildiz et al.，2007）。其原理就是将液体样品中的目标化合物用固体吸附剂吸附，从而将目标化合物与不需要的杂质分离开来，再用洗脱剂或者加热的方法将目标化合物从固体吸附剂上解吸附，最终达到分离富集目标化合物的目的。Nasiri 等（2015）制备了一种可重复使用且成本低廉的磁性氧化石墨（$Fe_3O_4NPs@GO$）纳米复合材料，并将其应用于红豆杉叶粗提物中紫杉醇的预提取，通过响应面法研究了吸附剂用量、吸附温度和搅拌/振荡功率 3 个关键指标对植物色素去除率和紫杉醇提取率的潜在作用。在吸附剂用量为 37.7 g/L、吸附温度为 30.7℃、搅拌速度为 153.1 r/min 的最优条件下，植物色素去除率达到 94%，紫杉醇提取率达到 11.4%。值得注意的是，经过连续 5 次处理后，这种纳米复合材料仍然可以去除大量植物色素和杂质（高达 90%），并且对紫杉醇的吸附能力和磁性没有显著降低。

2.2.3　超临界萃取法

超临界萃取法是利用超临界流体作为萃取剂进行萃取的一种技术方法。因超临界流体具有很好的扩散系数和溶解能力，能很快地渗透到固体的孔隙当中，快速进行两相平衡交换，这就大大提高了萃取的效率和速度。近些年，研究者们也将该方法应用到紫杉醇的提取上（顾贵洲等，2018；Ghasemi and Nematollahzadeh，2018；满瑞林等，2008）。顾贵洲等（2018）采用超临界 CO_2 萃取法从东北红豆杉中提取紫杉醇，实验结果表明，当萃取压力为 35 MPa、萃取温度为 35℃、萃取时间为 120 min、红豆杉叶片的颗粒粒径为 100 目时，紫杉醇的提取率最高可达 96.2%。满瑞林等（2008）利用超临界 CO_2 萃取法从曼地亚红豆杉枝条中提取紫杉醇，通过正交试验得到的最佳提取工艺参数为：萃取温度为 47℃，萃取压力为 30 MPa，夹带剂为 85% 的乙醇溶剂。在最佳提取工艺条件下，紫杉醇的平均提取率为 87.8%。

2.2.4　膜分离法

与溶剂萃取法相比，膜分离法大大节省了萃取溶剂。目前，膜分离法已经有效应用于紫杉醇的提取。Zhang 等（2019）构建了一种具有特异识别位点的新型分子印迹膜（Cell/SiO$_2$-MIM）用于紫杉醇的分离。他们将无机二氧化硅纳米粒作为聚合平台引入再生纤维素膜表面，以提高膜的渗透通量。以紫杉醇分子为模板，通过乙烯基吡啶的本体聚合，在无机二氧化硅纳米粒表面构建了紫杉醇的特异识别位点，使其具有对目标分子紫杉醇的选择性识别能力。所合成的印迹膜对紫杉醇具有良好的吸附选择性和渗透选择性，最大吸附量和分离系数分别为 46.36 mg/g 和 3.77。

2.2.5　超声提取法

超声波的空化作用可以瞬间破坏植物细胞壁，并且超声波的振动作用也可以加速胞内物质的释放、扩散和溶解，从而可以显著提高提取效率。Wang 等（2016）将超声提取法与薄层色谱-紫外快速分离方法相结合来提高东北红豆杉中紫杉醇的提取率。响应面分析结果表明最佳的提取条件为：液固比 53.23 mL/g，超声时间 1.11 h，超声功率 207.88 W。在最佳的提取条件下，紫杉醇的平均提取量约为 130.576 μg/g。Tan 等（2017）以几种常见的离子液体和功能化磁性离子液体为佐剂，用甲醇溶液从红豆杉培养基中萃取紫杉醇。实验结果表明，磁性离子液体 [C$_4$MIM]FeCl$_3$Br 可以作为最佳佐剂。在 1.2% 的离子液体用量、1∶10.5 的固液比、30 min 的超声时间的最优条件下，提取率可达 0.224 mg/g。与传统的溶剂萃取法相比，以甲醇和磁性离子液体为佐剂的超声辅助萃取法能显著提高提取率，减少甲醇的用量，缩短提取时间。由此可见，该方法具有从天然植物资源中提取其他重要生物活性物质的潜力。

第3章　改善紫杉醇水溶性技术研究

紫杉醇的低生物利用度是紫杉醇治疗使用的主要限制之一。为了提高其生物利用度，紫杉醇的增溶研究一直是科研工作者关注的热点问题。在临床应用中，曾将紫杉醇与 Cremophor® EL 混合使用来增加其溶解度，但是 Cremophor® EL 会对人体产生严重的副作用，如超敏反应、肾毒性和神经毒性（Ye et al.，2013；Ruel-Gariepy et al.，2004）。研究人员随后开发了 Abraxane®（紫杉醇蛋白结合颗粒作为注射悬浮液）和 Lipusu®（注射用紫杉醇脂质体）来取代 Cremphor® EL，但 Abraxane® 和 Lipusu® 的制备成本很高，这使大部分病患难以支付高额的治疗费用，很难实现紫杉醇大规模的临床应用（Wang et al.，2011；Karmali et al.，2009）。为了增强紫杉醇在癌症治疗中的实际应用性，开发出效果好、伤害低且成本低的紫杉醇制剂备受期待，为此，科研工作者进行了大量相关的研究工作。提高紫杉醇生物利用度的研究工作主要包含注射制剂和口服制剂的开发。

3.1　紫杉醇注射制剂研究

水溶性紫杉醇注射制剂的研究主要包括结构修饰、制备纳米制剂、包合以及胶束剂型等技术方法（Feng et al.，2016；Liu et al.，2011；Chakravarthi et al.，2010；Rivkin et al.，2010；Karmali et al.，2009；Pires et al.，2009；Lu et al.，2007；Dias et al.，2007；Elkharraz et al.，2006；Konno et al.，2003；Damen et al.，2000）。

3.1.1　紫杉醇结构修饰

研究表明，可以通过结构修饰将水溶性较差的紫杉醇合成为水溶性较好的前体药物，药物进入体内后经酶反应或者其他化学反应再还原成紫杉醇，进而发挥其药理作用。Damen 等（2000）合成了紫杉醇衍生物苹果酸紫杉醇酯，用以改善紫杉醇的水溶性。他们发现 C2′ 修饰的化合物表现为前药，即紫杉醇在人血浆中再现，而 C7 修饰的衍生物则不是。与紫杉醇相比，2′-马来酰紫杉醇钠盐会表现出更强的抗癌活性和对 P388 小鼠白血病细胞较低的毒性。Feng 等（2016）通过不同的连接体引入吗啉基，设计合成了新型水溶性紫杉醇前药。结果表明，这些衍生物的水溶性是紫杉醇的 400～20 000 倍，在 MCF-7 和 HeLa 细胞系中也有类似的活性。以紫杉醇为阳性对照，在 S-180 肿瘤小鼠模型上检测前药 PM4，结果表明

PM4 与紫杉醇具有相当的抗肿瘤活性，抑瘤率分别为 54% 和 56%，毒性明显降低，并且 PM4 组小鼠的存活率为 8/8，紫杉醇组为 3/8。

3.1.2　紫杉醇纳米制剂

药物纳米化是指将原料药通过机械粉碎、液相反应等方法直接加工成纳米粒，或者将原料药与高分子纳米粒、纳米球、纳米囊以一定方式进行结合制成的药物。药物纳米化可以使药物的粒径大大减小、水溶性明显增加（Liu et al., 2004）。Pattekari 等（2011）用超声辅助法在紫杉醇表面逐层包封纳米聚电解质涂层，形成直径为 100～200 nm 稳定的胶体纳米胶囊，紫杉醇从这种纳米胶囊中的释放速率可通过组装可变厚度的多层壳来控制。

Danhier 等（2009）采用纳米沉淀技术，制备紫杉醇负载聚乙二醇化 PLGA 基纳米粒。紫杉醇负载纳米粒释放行为表现为两相模式，其特征是在初始时暴发释放，然后是较慢和连续地释放。用 MTT 试验对人宫颈癌细胞（HeLa）的体外抗肿瘤活性进行了评价。流式细胞术研究表明，HeLa 细胞在紫杉醇原药和紫杉醇负载的纳米粒中均可诱导相同比例的凋亡细胞。与紫杉醇原药相比，紫杉醇负载纳米粒在体内对肿瘤有更大的抑制作用。因此，负载 PTX 纳米粒可被认为是一种有效的抗癌药物递送系统。

3.1.3　紫杉醇环糊精包合技术

环糊精是具有外亲水、内亲油特性的环状低聚糖，其内部的中空部分可以包合脂溶性药物，以此增加药物的水溶性。Liu 等（2004）为了提高紫杉醇的水溶性，研究了紫杉醇与一系列低聚（乙二胺）桥联双（β-环糊精）的包合行为。图 3.1 展示了所使用的低聚（乙二胺）桥联双（β-环糊精）的分子结构。实验结果表明，只有双（β-环糊精）1 和 2 能与紫杉醇形成包合物，并且这两种环糊精对紫杉醇的增溶作用分别达到 2 mg/mL 和 0.9 mg/mL。他们用人红白血病 K562 细胞系评估了这些复合物的细胞毒性，发现 1/紫杉醇复合物的 IC_{50} 值为 6×10^{-10} mol/L，这意味着 1/紫杉醇复合物的抗肿瘤活性优于紫杉醇（IC_{50} 值为 9.8×10^{-10} mol/L）。1/紫杉醇复合物的高抗肿瘤活性以及良好的水溶性和热稳定性，使其有可能作为一种高效抗肿瘤药物应用于临床。

Bouquet 等（2007）研究了化学修饰的 β-环糊精与紫杉醇形成复合物的可能性，用以提高紫杉醇的水溶性。实验结果表明，与磺丁醚-β-环糊精和羟丙基-β-环糊精相比，甲基化-β-环糊精（随机甲基化和 2,6-二甲基化）与紫杉醇表现出最好的溶解度。紫杉醇与随机甲基化-β-环糊精（RAME-β-CD）的最小包合率为 1/20（mol/mol）。经冷冻干燥制备的紫杉醇/RAMEβ-CD 包合物在 4℃ 下至少稳定

6 个月。使用紫杉醇/RAME-β-环糊精包合物配制 5 mg/mL 紫杉醇溶液，稀释这些溶液后并没有沉淀出现。

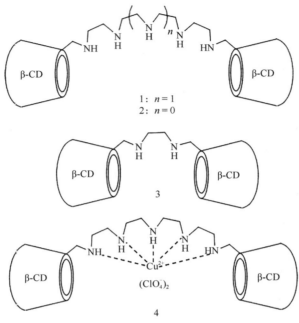

图 3.1　低聚（乙二胺）桥联双（β-环糊精）的分子结构（Liu et al.，2004）

3.1.4　紫杉醇胶束剂型

两亲性的聚合物可以在水中自发形成聚合物胶束，水溶性差的药物可以通过被包埋在胶束中来增加其水溶性（Upadhyay et al.，2017；Hendrikx et al.，2013；Huh et al.，2008；Licciardi et al.，2006）。Huh 等（2008）以聚乙二醇为亲水性嵌段，采用原子转移自由基聚合法合成了聚［4-(2-乙烯基苄氧基-*N*-吡啶烟酰胺)］［P(2-VBOPNA)］。由于吡啶烟酰胺基团的质子化作用，亲水性嵌段共聚物在 pH 为 2 及以下均未形成胶束结构，但 P(2-VBOPNA) 的亲水性使紫杉醇的水溶性显著提高。当 pH 大于 2 时，由于 2-VBOPNA 的脱质子作用导致聚合物胶束化，使得紫杉醇的溶解度进一步增加。Licciardi 等（2006）合成了新型叶酸官能化的二嵌段共聚物胶束，并评价了它们对他莫昔芬和紫杉醇的增溶作用。该二嵌段共聚物由含有 2-甲基丙烯酰氧乙基磷酰胆碱（MPC）残基的永久亲水性嵌段和含有 2-二异丙基氨甲基丙烯酸乙酯（DPA）残基的 pH 敏感疏水性嵌段组成。叶酸（FA）与 MPC 嵌段末端结合，使该基团位于胶束周围。负载他莫昔芬和紫杉醇的胶束 FA-MPC-DPA 由两种不同的组分制备，使得两种药物达到最佳的增溶作用。在 pH 7.4 和

pH 5 的磷酸盐缓冲溶液中评价他莫昔芬和紫杉醇的释放曲线发现，FA-MPC-DPA
胶束作为有用的药物载体，导致他莫昔芬和紫杉醇在 7 天内相对缓慢地释放到水
溶液中。

3.2　紫杉醇口服制剂研究

　　紫杉醇在水中溶解性差以及受 P-糖蛋白抑制的影响（Peltier et al.，2006），使
得其口服生物利用度受到了严重的限制。基于口服给药的诸多优点，如何增加紫
杉醇的口服生物利用度，吸引了研究工作者的注意。目前，增加紫杉醇的口服生
物利用度的研究主要包括通过合成水溶性好的紫杉醇前药、制备固体分散体、制
备紫杉醇水溶性纳米制剂来增加紫杉醇溶解度，以及通过抑制 P-糖蛋白表达来增
加肠道对紫杉醇的吸收。

3.2.1　合成水溶性前药

　　Choi 和 Jo（2004）制备了高水溶性、聚乙二醇化的紫杉醇前药，并对比了
口服紫杉醇和紫杉醇前药的生物利用度及药代动力学参数。结果表明，由于紫杉
醇前药是水溶性的，容易渗透到肠黏膜，口服紫杉醇前药的血浆浓度-时间曲线
（AUC）下面积比口服紫杉醇增加 3.94 倍。

3.2.2　固体分散体

　　Moes 等（2013）开发了一种含有 1/11（*m/m*）紫杉醇、9/11（*m/m*）聚乙烯吡
咯烷酮（PVP）K30 和 1/11（*m/m*）月桂酸钠（SLS）的固体分散体。经 X 射线衍
射仪（XRD）、傅里叶红外光谱仪（FTIR）和差示扫描量热仪（DSC）检测，紫杉
醇以无定型态存在于固体分散体中。此外，体外试验表明紫杉醇的表观溶解度和
溶解速率显著提高。

3.2.3　纳米制剂

　　Peltier 等（2006）制备了紫杉醇脂质纳米胶囊，并从大小分布、药物有效
载荷和紫杉醇结晶动力学等方面进行了表征。紫杉醇脂质纳米胶囊的平均粒径
为（60.90±1.50）nm，纳米胶囊中紫杉醇的负载量为（1.91±0.01）mg/g，紫杉醇
的包封率为（1.70±0.10）%。用液相色谱-质谱法测定了口服紫杉醇和紫杉醇脂
质纳米胶囊后大鼠的血浆浓度，紫杉醇纳米胶囊在大鼠体内的 AUC 值是紫杉醇
的 3 倍。Torne 等（2010）制备了负载紫杉醇的纳米海绵体，并从大小分布、药
物增溶和紫杉醇沉淀动力学等方面进行了表征。用液相色谱法测定大鼠口服紫杉

醇和紫杉醇负载的纳米海绵体后的血浆浓度。负载紫杉醇的纳米海绵体的平均尺寸为（350±25）nm，紫杉醇的药物有效载荷为（500±0.27）mg/g，包封率为（99.1±1.0）%。口服紫杉醇和负载紫杉醇的纳米海绵体后，与紫杉醇组相比，紫杉醇负载纳米海绵体的血药浓度-时间曲线下的面积增加了约2倍。

3.2.4 抑制P-糖蛋白表达

Bae等（2017）采用韩国红参提取物作为P-糖蛋白抑制剂，研究了韩国红参与紫杉醇联合服用对紫杉醇口服生物利用度的影响。实验结果显示，在MDCK-mdr1细胞中，韩国红参可以有效抑制紫杉醇的P-糖蛋白表达和跨细胞外排。通过韩国红参对P-糖蛋白表达的抑制，紫杉醇的口服生物利用度比单独使用紫杉醇更高，紫杉醇在肿瘤中的分布也更广泛。在患有乳腺肿瘤的雌性大鼠中，紫杉醇与韩国红参的联合应用对荷瘤鼠的肿瘤体积的抑制率明显高于紫杉醇。Foger等（2008）利用野生型大鼠和乳腺癌荷瘤大鼠作为动物模型，针对一种硫醇化聚合物对紫杉醇口服生物利用度和抗肿瘤效果的影响进行了评价，观察了健康大鼠在单次给药后12 h的紫杉醇血药浓度变化。此外，对荷瘤大鼠进行了5周治疗，结果表明：①共用硫醇化多碳胺显著改善了紫杉醇血浆水平；②可获得更恒定的药代动力学曲线；③肿瘤生长减少。

第二篇

紫杉醇绿色提取技术

第 4 章　超高压提取工艺研究

植物中的活性成分多分布在细胞质内，活性成分的提取是目标成分从细胞内释放并扩散到溶剂中的过程，提取的最终目的就是在保持目标成分活性的前提下，加速和强化目标成分从基质向提取溶剂的扩散（Ferioli et al.，2020）。目前，紫杉醇常用的提取方法包括液-液萃取、固相萃取、超临界萃取、超声提取和膜分离法等，这些提取方法往往存在提取时间长、浸提温度高、能耗大及有机溶剂使用量大等缺点（Gibbens-Bandala et al.，2019；Kamal and Nazzal，2019；Shirshekan et al.，2017；张志强和苏志国，2000）。近年来，超高压提取技术逐渐被应用于提取工艺中。超高压提取技术是在室温下，采用高压处理浸泡在提取溶剂中的原料，并迅速卸压，利用高压加快溶剂对原料的浸润及溶质的扩散过程，再利用压力的快速降低，瞬间实现细胞内外的高渗透压差，促进细胞结构的破碎或变化，使活性成分与提取溶剂充分接触，提高活性成分的提取效率。超高压提取技术具有提取时间短、能耗低、活性成分破坏小及操作简单等优点（高歌，2018；刘豪等，2016；Kim and Kim，2015）。本研究采用超高压提取技术，以东北红豆杉枝叶为原料，探究紫杉醇提取的最优工艺条件，从而建立一种高效率、低成本、高安全性且可以很好保护紫杉醇活性的提取工艺。

4.1　工艺方法的建立

4.1.1　紫杉醇的标准曲线

精确称取 10 mg 紫杉醇标准品于 50 mL 容量瓶中，加入甲醇溶解并定容，混合均匀后即得到浓度为 200 μg/mL 的紫杉醇标准品母液。使用 5 mL 移液管，吸取 5 mL 母液转移至 10 mL 容量瓶中，加入甲醇定容并混匀，将紫杉醇标准品母液稀释二倍，继续将稀释后的标准品溶液按照该方法进行二倍稀释，配得浓度分别为 0.390 625 μg/mL、0.781 25 μg/mL、1.5625 μg/mL、3.125 μg/mL、6.25 μg/mL、12.5 μg/mL、25 μg/mL、50 μg/mL、100 μg/mL 和 200 μg/mL 的紫杉醇标准品溶液，按照浓度由低到高的顺序，依次向进样器中注入 10 μL 的紫杉醇标准品溶液，按照上述 HPLC 检测方法进行测定，测得每个浓度标准品溶液的峰面积，以标准品溶液浓度值为横坐标（X）、以测得的峰面积值为纵坐标（Y），绘制紫杉醇标准曲线，并通过拟合计算获得回归方程和 R 值，如图 4.1 所示。精密吸取标准品溶液，重复进样 3 次，每次进样 10 μL，测定峰面积并计算溶液浓度，求得 3 次测试结果的平均值，并按照公式（4-1）计算相对标准偏差 RSD（Sliwa et al., 2019）。

$$RSD = SD / C_m \times 100\%　　　　　　　　　　（4-1）$$

式中，RSD 表示相对标准偏差；SD 表示标准差；C_m 表示测试结果平均值。

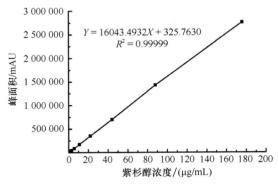

图 4.1　紫杉醇标准曲线

依据标准曲线进行线性回归拟合，得到线性回归方程及相关系数，如公式（4-2）所示。

$$Y = 16043.4932X + 325.7630, \quad R^2 = 0.99999 \qquad （4-2）$$

4.1.2　紫杉醇含量的测定

将粉碎后的东北红豆杉枝叶粉末过 40 目筛后充分混匀，按照每份 5 g 的重量，随机取 3 份东北红豆杉枝叶粉末，采用多段错流浸出方式进行提取。第一段浸出，样品加入 100 mL 乙醇，40℃浸提 6 h，过滤，抽干，其残渣再用 100 mL 乙醇洗涤，抽干，取滤液。第二段浸出，将第一段浸提后所得残渣中加入 100 mL 乙醇，40℃浸出 6 h，过滤，抽干，再用 100 mL 乙醇洗涤，抽干取滤液。第三段浸出及洗涤方法同第二段浸出。合并所有浸出液及滤液，旋蒸除去溶剂获得东北红豆杉浸膏，将浸膏复溶分散并定容至 100 mL，测量并计算得到东北红豆杉中紫杉醇的含量为（0.0106±0.0008）%。

4.1.3　超高压提取工艺方法

精确称取干燥的东北红豆杉枝叶粉末，置于真空密封袋中，按一定固液比向物料中加入提取溶剂，将真空密封袋进行真空密封，充分混合后放入高压容器内，在常温下启动高压泵，将容器内空气排出，迅速将压力升高至设定值并保压一定

时间后，快速卸除压力，取出高压处理后的料液，提取液过 0.22 μm 过滤，采用
HPLC 法测定提取液中紫杉醇浓度，并按照公式（4-3）计算经过超高压处理后东
北红豆杉中紫杉醇的提取率。超高压提取过程可进行循环多次加压，具体流程如
图 4.2 所示（王志刚，2007）。

$$EP（\%）=（C_s×V_s）/M×100\% \tag{4-3}$$

式中，EP 表示提取率；C_s 表示提取液中紫杉醇浓度（μg/mL）；V_s 表示提取液体积
（mL）；M 表示投入东北红豆杉枝叶粉末的质量（g）。

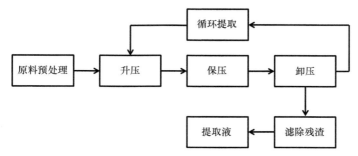

图 4.2　超高压提取工艺流程图

4.1.4　溶剂种类对紫杉醇提取率的影响

　　精确称取 5 份干燥的东北红豆杉枝叶粉末，每份 1 g，置于真空密封袋中，按
照固液比 1∶10（g/mL），分别向真空密封袋中加入 10 mL 丙酮、乙酸乙酯、乙腈、
甲醇和乙醇，将真空密封袋密封后，充分混合，放入高压容器内，压力设定为 200
MPa，保压时间设定为 10 min，循环次数设定为 1 次。迅速升高压力，待处理结
束后卸压，取出高压处理后的物料，经过 0.22 μm 的滤膜过滤，测定滤液中紫杉醇
的浓度并计算提取率。每组实验重复 3 次，取平均值为最终结果。
　　选用对紫杉醇溶解能力强、沸点低的丙酮、乙酸乙酯、乙腈、甲醇和乙醇作
为提取剂对东北红豆杉中的紫杉醇进行提取，在相同实验条件下进行高压处理，
并对比几种溶剂对东北红豆杉中紫杉醇提取率的影响。不同溶剂对紫杉醇的提取
率如图 4.3 所示，从图中可以看出，在常温下采用超高压技术对东北红豆杉中的紫
杉醇进行提取时，乙酸乙酯、甲醇和乙醇这三种溶剂的提取率较高，且三者接近。
乙酸乙酯、甲醇和乙醇三者相比，乙醇毒性小、价格便宜、来源方便，有一定设
备即可回收反复使用，可以根据被提取物质的性质，采用不同浓度的乙醇进行提
取，而且乙醇的提取液不易发霉变质。由于以上原因，最终选择乙醇作为主溶剂
对东北红豆杉中的紫杉醇进行提取。

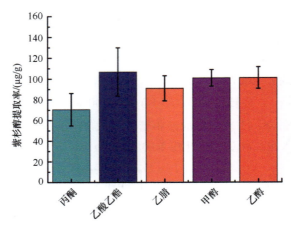

图 4.3　不同溶剂对紫杉醇提取率的影响

4.1.5　紫杉醇提取工艺参数的确定

　　影响超高压技术提取紫杉醇提取率的主要因素包括保压时间、提取压力、溶剂中乙醇的含量和固液比。采用单因素法优化超高压技术提取紫杉醇的工艺参数，各实验因素的具体优化考察范围及水平设定如表 4.1 所示。以紫杉醇的提取率为主要对比依据，对各实验因素进行优化。例如，优化溶剂中乙醇含量时，取一定质量的东北红豆杉枝叶粉末置于真空密封袋中，按照固液比 1∶20（g/mL），分别向真空袋中加入不同乙醇含量的提取溶剂，密封真空袋，混匀后，将装有物料的真空密封袋放入高压处理容器中，在提取压力为 200 MPa 的条件下保压 10 min，高压处理结束后取出物料并测定紫杉醇的提取率，重复实验 3 次，取平均值。对比不同乙醇含量提取溶剂的提取率，选择提取率最高的一组为溶剂中乙醇含量最优值（注：当提取率接近时，则结合成本、能耗等因素进行综合考虑并筛选）。

表 4.1　单因素优化法的试验参数值

序号	溶剂中乙醇含量/%	固液比/（g/mL）	保压时间/min	提取压力/MPa
1	40	1∶5	2.5	50
2	50	1∶10	5.0	100
3	60	1∶15	7.5	150
4	70	1∶20	10	200
5	80	1∶25	12.5	250
6	90	1∶30	15.0	300
7	100	1∶35	17.5	350

在单因素试验结果基础上,采用 Design Expert 8.0.6 软件中 Box-Behnken 中心组合进行了 4 个因素、3 个水平的响应面试验设计,以东北红豆杉中紫杉醇的提取率为响应值,建立各因素与提取率之间的数学模型,经过软件拟合分析,确定超高压技术提取东北红豆杉中紫杉醇的最佳工艺。

1. 提取压力对紫杉醇提取率的影响

提取压力是影响超高压技术提取效率的主要因素之一。首先,升高提取压力可以加快溶剂对东北红豆杉枝叶粉末的浸润及紫杉醇在溶剂中的传质速率。其次,细胞壁两侧压力差足够大,才可实现细胞壁的破裂,促进有效成分扩散到提取溶剂中。通常来讲,提取压力越高,提取效率越高,但过高的提取压力是资源的浪费,甚至有可能导致提取原材料结构的破坏,影响提取效果。本研究为探究提取压力对东北红豆杉中紫杉醇提取效率的具体影响,研究了在乙醇含量 70%、固液比为 1∶20(g/mL)、保压时间为 10 min 时,提取压力从 50 MPa 升高到 350 MPa,紫杉醇提取率的变化。由图 4.4 可以看出,随着提取压力的升高,紫杉醇的提取率并没有一直提高,而是在提取压力升高到 100 MPa 后便基本维持稳定。这可能是由于东北红豆杉枝叶粉末作为提取原料,质地较为细腻、疏松,在经历高压处理时,紫杉醇易于扩散至提取溶剂中,故在提取压力为 100 MPa 时即可达到较为理想的提取效果。根据单因素试验结果,提取压力进一步优化范围选取 50~150 MPa。

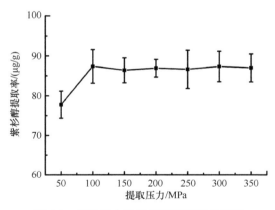

图 4.4　提取压力对紫杉醇提取率的影响

2. 保压时间对紫杉醇提取率的影响

保压时间是从压力升高到设定值开始计时,至卸压开始时结束计时,保压期间高压设备对物料持续施以稳定的压力。保压时间过短,有可能造成提取溶剂对原材料浸润不够完全或细胞中有效成分无法全部扩散至提取溶剂中,有效成分得不到充分提取;保压时间过长,浪费能耗。本研究在乙醇含量 70%、固液比为

1 : 20（g/mL）、提取压力为 100 MPa 时，考察了保压时间从 2.5 min 增加到 17.5 min，紫杉醇提取效率的变化。由图 4.5 可知，当保压时间从 2.5 min 增加到 7.5 min 时，紫杉醇提取率明显提高；当保压时间达到 7.5 min 后，继续增加保压时间，紫杉醇提取率基本不再升高，说明过长的保压时间对紫杉醇的提取是无意义的。本研究选取保压时间 5～10 min 为进一步优化范围。

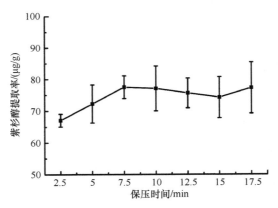

图 4.5　保压时间对紫杉醇提取率的影响

3. 乙醇含量对紫杉醇提取率的影响

在东北红豆杉枝叶粉末和提取溶剂的物料比为 1 : 20（g/mL）、提取压力为 100 MPa、保压时间为 7.5 min 时，研究了溶剂中乙醇含量对东北红豆杉中紫杉醇提取率的影响。由图 4.6 可以看出，超高压技术提取东北红豆杉中紫杉醇工艺采用乙醇为主要提取溶剂时，紫杉醇的提取率随提取溶剂中乙醇含量的升高而升高。值得注意的是，当溶剂中乙醇含量从 60% 升高到 90% 时，紫杉醇的提取率从 68.76 μg/g 提高到 84.72 μg/g，提取率升高幅度比较明显；而当溶剂中乙醇的含量从 90% 升高到 100% 时，提取率仅从 84.72 μg/g 提高到 85.13 μg/g，虽然仍处于上升趋势，但变化并不明显。这可能是由于溶剂对紫杉醇的溶解性会随着溶剂中乙醇含量的提高而增强，在固液比、提取压力和保压时间固定的条件下，当溶剂中乙醇含量低于 90% 时，提取溶剂中乙醇含量的变化对溶剂溶解原料中紫杉醇的效果影响较大，提取溶剂中乙醇的含量减少很可能导致原料中紫杉醇不能够被充分溶解，从而导致紫杉醇的分散及传递效果不理想，使原料中的紫杉醇无法及时释放到提取介质中。当提取溶剂中乙醇含量达到 90% 时，提取溶剂紫杉醇总的溶解能力很强，在固液比为 1 : 20（g/mL）、提取压力为 100 MPa、保压时间为 7.5 min 的条件下，试验中所加入的提取溶剂基本可以将原料中的紫杉醇完全溶解，所以在提取溶剂中乙醇含量进一步提高时，对紫杉醇的提取率影响并不大。为了得到精确的工艺参数，本研究选取提取溶剂中乙醇含量范围为 60%～100% 进行进一步响应面优化。

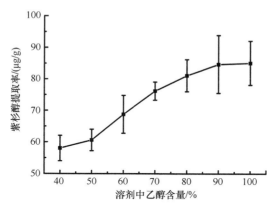

图 4.6 提取溶剂中乙醇含量对紫杉醇提取率的影响

4. 固液比对紫杉醇提取率的影响

固液比是影响提取率的主要因素之一，本研究在乙醇含量为 100%、提取压力为 100 MPa、保压时间为 7.5 min 时，考察了固液比从 1∶5（g/mL）提高到 1∶35（g/mL），紫杉醇提取率的变化趋势。从图 4.7 可以看出，在使用超高压技术提取东北红豆杉中紫杉醇时，紫杉醇提取率随固液比的升高呈先升高再趋于平缓的趋势。固液比从 1∶5（g/mL）提高到 1∶15（g/mL）时，紫杉醇提取率有明显提高，但当固液比达到 1∶15（g/mL）后再升高提取溶剂的比例时，紫杉醇的提取率基本维持稳定。故本研究选择固液比进一步优化范围为 1∶10～1∶20（g/mL）。

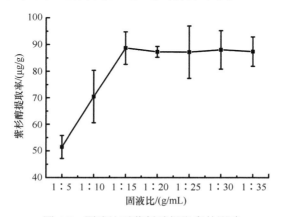

图 4.7 固液比对紫杉醇提取率的影响

5. 紫杉醇提取工艺响应面优化

根据单因素优化结果，以紫杉醇提取率为响应值，对提取压力（A）、保压时间（B）、溶剂中乙醇含量（C）和固液比（D）进行响应面优化。使用 Design Expert 8.0.6 软件中 Box-Behnken 进行试验设计，共得 29 组参数，根据各组参数进行试验并计算各组样品中紫杉醇的提取率。各组参数及提取率如表 4.2 所示。

表 4.2 响应面试验设计及结果

序号	因素 A 提取压力/MPa	因素 B 保压时间/min	因素 C 溶剂中乙醇含量/%	因素 D 固液比/（g/mL）	响应值 R 紫杉醇提取率/（μg/g）
1	10.00	60.00	7.50	100.00	56.32
2	20.00	60.00	7.50	100.00	75.28
3	10.00	100.00	7.50	100.00	87.27
4	20.00	100.00	7.50	100.00	96.88
5	15.00	80.00	5.00	50.00	79.55
6	15.00	80.00	10.00	50.00	82.33
7	15.00	80.00	5.00	150.00	94.89
8	15.00	80.00	10.00	150.00	99.68
9	10.00	80.00	7.50	50.00	88.55
10	20.00	80.00	7.50	50.00	71.69
11	10.00	80.00	7.50	150.00	81.61
12	20.00	80.00	7.50	150.00	100.43
13	15.00	60.00	5.00	100.00	66.45
14	15.00	100.00	5.00	100.00	96.32
15	15.00	60.00	10.00	100.00	68.39
16	15.00	100.00	10.00	100.00	97.15
17	10.00	80.00	5.00	100.00	78.33
18	20.00	80.00	5.00	100.00	90.52
19	10.00	80.00	10.00	100.00	85.77
20	20.00	80.00	10.00	100.00	95.83
21	15.00	60.00	7.50	50.00	62.14
22	15.00	100.00	7.50	50.00	83.51
23	15.00	60.00	7.50	150.00	70.12
24	15.00	100.00	7.50	150.00	101.45
25	15.00	80.00	7.50	100.00	95.11

续表

序号	因素 A 提取压力/MPa	因素 B 保压时间/min	因素 C 溶剂中乙醇含量/%	因素 D 固液比/（g/mL）	响应值 R 紫杉醇提取率/（μg/g）
26	15.00	80.00	7.50	100.00	95.75
27	15.00	80.00	7.50	100.00	89.72
28	15.00	80.00	7.50	100.00	94.1
29	15.00	80.00	7.50	100.00	97.52

根据表 4.2 中的各组参数及提取率结果，采用 Design Expert 8.0.6 软件进行了拟合分析，建立超高压技术提取东北红豆杉中紫杉醇工艺的多元线性回归模型，得到回归方程：

$$\text{提取率（\%）} = 94.44 + 4.40A + 13.66B + 1.92C + 6.70D - 2.34AB$$
$$- 0.53AC + 8.92AD - 0.28BC + 2.49BD + 0.50CD \quad (4\text{-}4)$$
$$- 4.93A^2 - 10.83B^2 - 1.59C^2 - 4.00D^2$$

式中，A 表示固液比（g/mL）；B 表示溶剂中乙醇含量（%）；C 表示保压时间（min）；D 表示提取压力（MPa）。

根据建立的模型进行方差分析和显著性检验，方程显著性检验分析结果如表 4.3 所示。回归模型的 F 值为 25.73，$\text{Pr} > F$ 的概率小于 0.0001，说明该模型符合极显著标准。$\text{Pr} > F$ 的概率小于 0.05 即视为模型显著，因此，A、B、C、D、AD、A^2、B^2 和 D^2（固液比、溶剂中乙醇的含量、保压时间、提取压力、二次方项固液比、二次方项溶剂中乙醇含量及二次方项提取压力）对紫杉醇提取率的影响显著。失拟项的 F 值为 1.55，意味着失拟项对比纯误差并不显著 $\text{Pr} > F = 0.3584 > 0.0.5$，失拟项差异不显著，说明本试验中不存在失拟因素。计算结果表明，该模型拟合度好，该响应面适合本研究内容的后续优化和设计。

表 4.3　回归方程的方差分析

类型	变差平方和	自由度	平均方差	F 值	Pr＞F	
回归模型	4261.47	14.00	304.39	25.73	＜0.0001	显著
A（固液比）	232.14	1.00	232.14	19.63	0.0006	显著
B（溶剂中乙醇含量）	2238.05	1.00	2238.05	189.22	＜0.0001	显著
C（保压时间）	44.43	1.00	44.43	3.76	0.0730	不显著
D（提取压力）	538.81	1.00	538.81	45.55	＜0.0001	显著
AB	21.86	1.00	21.86	1.85	0.1955	不显著
AC	1.13	1.00	1.13	0.096	0.7614	不显著
AD	318.27	1.00	318.27	26.91	＜0.0001	显著

续表

类型	变差平方和	自由度	平均方差	F 值	Pr＞F	
EC	0.31	1.00	0.31	0.026	0.8741	不显著
ED	24.80	1.00	24.80	2.10	0.1696	显著
CD	1.01	1.00	1.01	0.085	0.7744	不显著
A^2	157.60	1.00	157.60	13.32	0.0026	显著
B^2	760.68	1.00	760.68	64.31	＜0.0001	显著
C^2	16.36	1.00	16.36	1.38	0.2592	不显著
D^2	103.55	1.00	103.55	8.75	0.0104	显著
残差	165.59	14.00	11.83			
失拟项	131.55	10.00	13.15	1.55	0.3584	不显著
纯误差	34.05	4.00	8.51			
修正平均值总和	4427.07	28.00				

此外，Design Expert 8.0.6 软件对回归方程进行了误差统计分析，进一步对精密度和可信度进行了计算，如表 4.4 所示。软件计算给出的标准偏差值为 3.44，多元相关系数的 R^2 值为 0.9626，表明相关性很好，调整 R^2 值（Adj R-squared）和预测 R^2 值（Pred R-squared）分别为 0.9252 和 0.8168，调整 R^2 值和预测 R^2 值很高且接近，表明该回归方程可以充分说明工艺过程；变异系数（CV）值小于 4.02%，表明该实验的精确度和可信度都很高；精密度（Adeq precision）的值为 19.10，符合有效信号和噪声之间比值大于 4 的要求。以上计算结果表明，拟合的回归方程符合检测原则，适应性好，该模型适用于紫杉醇提取率试验结果的分析和预测。

表 4.4　回归方程的误差分析统计

统计项目	数据
标准偏差	3.44
平均值	85.61
CV/%	4.02
PRESS	810.91
R^2	0.9626
调整 R^2	0.9252
预测 R^2	0.8168
精密度	19.10

4.1.6　紫杉醇提取率的响应面分析及优化

图 4.8 为提取压力固定在 100 MPa、保压时间固定在 7.5 min 时，溶剂中乙醇含量和固液比交互作用对紫杉醇提取率影响的三维立体响应曲面，由图中可以看出，在特定的固液比值下，随溶剂中乙醇含量的增加，紫杉醇提取率呈现先升高再趋于平缓的趋势，在乙醇含量固定的提取溶剂中，随固液比中提取溶剂比例的增加，紫杉醇提取率变化并不明显，但也基本呈现了先逐渐增加再趋于平缓的变化趋势。图 4.9 为溶剂中乙醇含量和固液比对紫杉醇提取率影响的等高线图，若等高线的形状为椭圆形，则表示所考察的两个因素之间交互作用显著；若等高线形

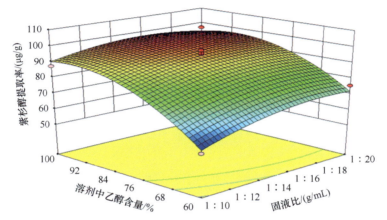

图 4.8　溶剂中乙醇含量和固液比对紫杉醇提取率影响的响应曲面

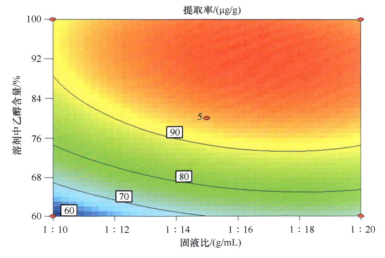

图 4.9　溶剂中乙醇含量和固液比对紫杉醇提取率影响的等高线

状为圆形，则表示所考察的两个因素之间交互作用不显著。由图 4.9 可以看出，溶剂中乙醇含量和固液比之间的交互作用显著，且溶剂中乙醇含量对提取率的影响大于固液比的影响。

　　图 4.10 为提取压力固定在 100 MPa、溶剂中乙醇含量固定在 80% 时，固液比和保压时间交互作用对紫杉醇提取率影响的三维立体响应曲面，由图中可以看出，在特定的固液比值下，随保压时间的增加，紫杉醇提取率整体呈现先升高再趋于平缓的趋势，但变化幅度并不是很大。在特定的保压时间，随着固液比中提取溶剂的比例增加，紫杉醇提取率变化不是很明显，但也呈现先逐渐增加再趋于平缓的变化趋势。图 4.11 为固液比和保压时间对紫杉醇提取率影响的等高线图，从图

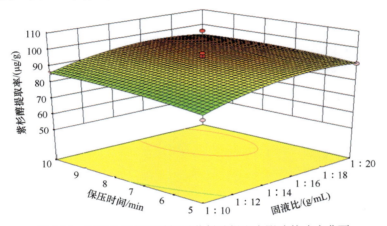

图 4.10　固液比和保压时间对紫杉醇提取率影响的响应曲面

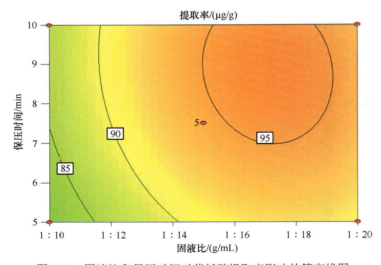

图 4.11　固液比和保压时间对紫杉醇提取率影响的等高线图

4.11 可以看出，保压时间和固液比之间的交互作用不显著，两者相比，固液比对紫杉醇提取率的影响大于保压时间的影响。

　　图 4.12 为溶剂中乙醇含量固定在 80%、保压时间固定在 7.5 min 时，固液比和提取压力交互作用对紫杉醇提取率影响的三维立体响应曲面，由图中可以看出，随提取压力的增加，紫杉醇提取率整体呈现先升高后趋于平缓的趋势。随固液比中提取溶剂比例的增加，紫杉醇提取率呈现先逐渐增加再趋于平缓的变化趋势。图 4.13 为固液比和提取压力对紫杉醇提取率影响的等高线图，从图中可以看出，提取压力和固液比之间的交互作用显著，且固液比对紫杉醇提取率的影响与提取压力对紫杉醇提取率的影响程度是接近的。

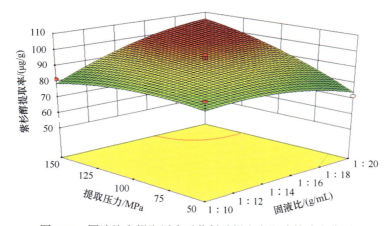

图 4.12　固液比和提取压力对紫杉醇提取率影响的响应曲面

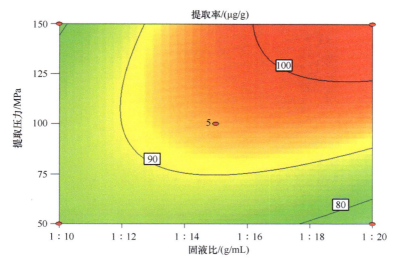

图 4.13　固液比和提取压力对紫杉醇提取率影响的等高线图

图 4.14 为固液比固定在 1:15（g/mL）、提取压力固定在 100 MPa 时，溶剂中乙醇含量和保压时间交互作用对紫杉醇提取率影响的三维立体响应曲面，由图中可以看出，随保压时间的增加，紫杉醇提取率没有明显变化；随溶剂中乙醇含量的增加，紫杉醇提取率呈现了先显著增加后趋于平缓的趋势。图 4.15 为溶剂中乙醇含量和保压时间对紫杉醇提取率影响的等高线图，由图中可以看出，溶剂中乙醇含量和保压时间之间的交互作用比较显著，且溶剂中乙醇含量对紫杉醇提取率影响比保压时间的影响大。

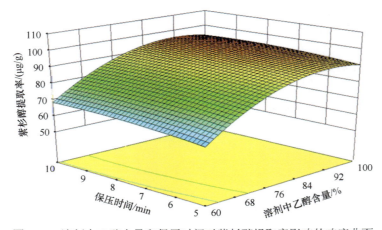

图 4.14　溶剂中乙醇含量和保压时间对紫杉醇提取率影响的响应曲面

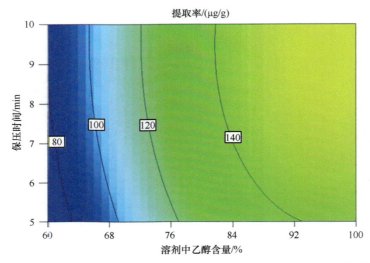

图 4.15　溶剂中乙醇含量和保压时间对紫杉醇提取率影响的等高线图

　　图 4.16 为固液比固定在 1∶15（g/mL）、保压时间固定在 7.5 min 时，溶剂中乙醇含量与提取压力交互作用对紫杉醇提取率影响的三维立体响应曲面，由图中可以看出，随溶剂中乙醇含量的增加，紫杉醇提取率先增加然后趋于稳定。在特定乙醇含量的提取溶剂中，随着提取压力的增加，紫杉醇提取率变化并不明显。图 4.17 为溶剂中乙醇含量和提取压力对紫杉醇提取率影响的等高线图，从图中可以看出，提取压力和溶剂中乙醇含量之间的交互作用不显著，且溶剂中乙醇含量对紫杉醇提取率影响比提取压力的影响大。

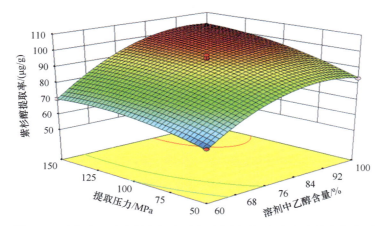

图 4.16　溶剂中乙醇含量和提取压力对紫杉醇提取率影响的响应曲面

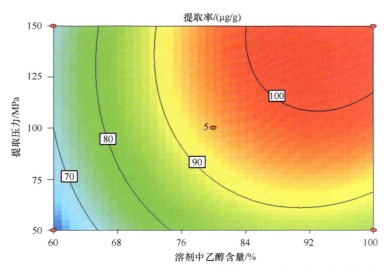

图 4.17　溶剂中乙醇含量和提取压力对紫杉醇提取率影响的等高线图

图 4.18 为固液比固定在 1：15（g/mL）、溶剂中乙醇含量为 80% 时，保压时间与提取压力交互作用对紫杉醇提取率影响的三维立体响应曲面，由图中可以看出，随提取压力的增加，紫杉醇提取率变化不大；随着保压时间的增加，紫杉醇提取率变化也不明显。图 4.19 为保压时间和提取压力对紫杉醇提取率影响的等高线图，从图中可以看出，提取压力和保压时间之间的交互作用比较显著。

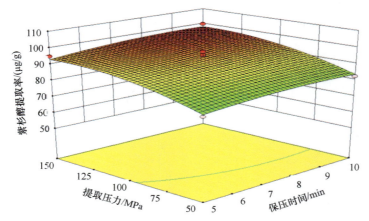

图 4.18　保压时间和提取压力对紫杉醇提取率影响的响应曲面

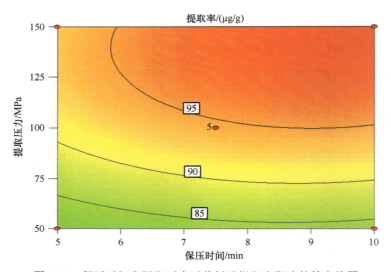

图 4.19　保压时间和提取压力对紫杉醇提取率影响的等高线图

4.1.7　验证最优提取条件

根据响应面结果，Design Expert 8.0.6 软件建议超高压技术提取紫杉醇的最优条件如下：固液比为 1∶16.22（g/mL），溶剂中乙醇含量为 91.36%，保压时间为 5.64 min，提取压力为 139.85 MPa，模型预测的紫杉醇提取率为 102.42 μg/g（约为东北红豆杉枝叶粉末质量的万分之一）。在此条件下重复进行 3 次验证试验，最终结果取平均值。验证试验结果显示，在 Design Expert 8.0.6 软件建议的最优条件下，紫杉醇的实际提取率为（98.97±23.41）μg/g，实际提取率与预测提取率十分接近，说明该工艺稳定性好、重复性强。

与紫杉醇现有提取工艺相比（Chavoshpour-Natanzi and Sahihi，2019；Zhang et al.，2018；Rahimi et al.，2017），以乙醇为提取主溶剂、在常温下采用超高压技术提取东北红豆杉中紫杉醇的工艺具有以下优点：操作简便，耗时短，提取效率高，能耗小，可实现提取溶剂回收再利用。然而，受实验室内设备限制，该工艺目前未能实现单次处理样品体积大于 1 L 的制备规模，但现今已具备最高压力达到 200 MPa、溶剂达到 200 L 的生产型超高压设备。常温超高压提取东北红豆杉中紫杉醇作为一种新型快速提取技术，具有工业化的潜在应用前景。

4.2　不同压力对原料结构的影响

图 4.20 为经过不同压力处理后的东北红豆杉枝叶粉末扫描电镜图。从图中可以看出，东北红豆杉枝叶的剖面呈蜂窝状。未经高压处理的东北红豆杉叶片的剖面孔隙为致密排列，且结构完整。经过高压处理后的东北红豆杉枝叶的剖面孔隙的口径明显变大，孔壁厚度略有变薄，且剖面出现不同程度的破损。东北红豆杉枝叶在经过超高压处理后剖面结构的变化可能是由于高压处理过程中提取溶剂进入枝叶的孔隙中，扩大了孔隙的口径，在保压的过程中提取溶剂浸入孔壁细胞质内，在瞬间卸压时，孔壁细胞内的物质随着提取溶剂扩散至细胞外，细胞皱缩，导致孔壁变薄，甚至破损。

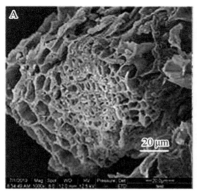

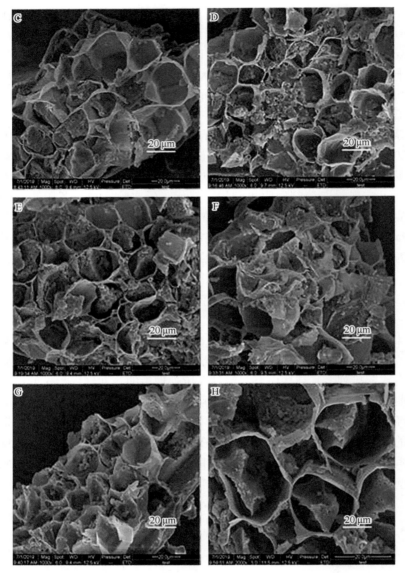

图 4.20　不同压力处理后东北红豆杉枝叶剖面形貌图

A. 0 MPa；B. 50 MPa；C. 100 MPa；D. 150 MPa；E. 200 MPa；F. 250 MPa；G. 300 MPa；H. 350 MPa

4.3　紫杉醇的纯化

将超高压提取得到的红豆杉提取液中的溶剂旋转蒸发除去，获得东北红豆杉浸膏，将多次提取获得的浸膏合并为东北红豆杉浸膏Ⅰ。本研究以东北红豆杉浸膏 I 为原料，参考目前紫杉醇纯化文献并经过参数调整，获得工艺流程，如图 4.21 所示。具体方法如下：①向东北红豆杉浸膏 I 中加入质量：体积为 1∶10 的石油醚 （60～90℃），进行充分的搅拌后，采用减压抽滤分离滤液和固相浸膏，将滤液旋转蒸发回收石油醚，将固相浸膏置于 40℃烘箱中干燥。按照质量：体积比为 1∶15 向固相浸膏中加入乙酸乙酯，充分溶解，再向其中加入等体积的去离子水进行液-液萃取，分取乙酸乙酯层，旋转蒸发后获得浸膏并回收乙酸乙酯。将多次萃取得到的浸膏合并获得东北红豆杉浸膏 II（Jeon and Kim，2007）。②采用碱性氧化铝作为固定相，将其填充至聚丙烯柱管（血清级）制备成 15 mm×80 mm 的固定相柱。精确称取 0.1 g 东北红豆杉浸膏 II，用三氯甲烷溶解并加到固定相柱中，停留 20 min 后加压排净，使用体积比为 99∶1 的三氯甲烷-甲醇混合溶剂作为淋洗剂，取 10 mL 淋洗剂加入固定相柱中并加压排净，淋洗固定相无法吸附的杂质，使用体积比为 96∶4 的三氯甲烷-甲醇混合溶剂作为洗脱液，取 10 mL 洗脱液加入固定相柱中并在压力下对固定相中吸附的紫杉醇进行洗脱，收集洗脱液，使用旋转蒸发仪除去有机溶剂，得到东北红豆杉浸膏 III（Ketchum et al.，1999）。③合并多次收集的东北红豆杉浸膏 III，充分溶解在体积比为 40∶60 的乙腈-水混合溶剂中，使用 0.22 μm 的有机滤膜过滤，取滤液，按照进料量 2.5 mg/g 加入 C_{18}-硅胶反相层析柱中，使用体积比为 20∶40∶40 的甲醇-乙腈-水混合溶剂作为洗脱液，按照 1.0 mL/min 的流速进行洗脱，收集洗脱峰，旋干洗脱剂，旋干后获得紫杉醇粗品

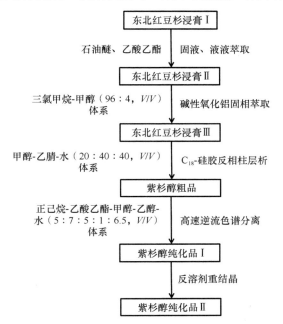

图 4.21 东北红豆杉浸膏中紫杉醇纯化流程

（Yoo and Kim，2018）。④采用正己烷-乙酸乙酯-甲醇-乙醇-水（5∶7∶5∶1∶6.5，*V/V*）体系为两相溶剂系统，上相为固定相，下相为流动相，主机转速 900 r/min、流动相流速 2.0 mL/min，泵入溶有 200 mg 紫杉醇粗品的流动相（下相），通过高速逆流色谱法分离得到紫杉醇纯化品 I（赵雪等，2019）。⑤将紫杉醇纯化品 I 用 20 mL 甲醇复溶，在搅拌的同时将溶液滴加到 40 mL 去离子水中，在 4℃下结晶，收集白色晶体，40℃烘干，获得紫杉醇纯化品 II（甘招娣等，2017）。

以东北红豆杉浸膏 I 为原料，经过萃取、柱层析、高速逆流色谱法以及重结晶技术，对紫杉醇进行了纯化。各个纯化步骤获得样品中紫杉醇的纯度及每步纯化过程中的回收率如表 4.5 所示。高纯度紫杉醇与紫杉醇标准品的 HPLC 检测结果如图 4.22 所示。经计算，1 kg 东北红豆杉枝叶粉末可提取纯化得到约 47.49 μg 紫杉醇。

表 4.5 紫杉醇样品纯度及回收率

样品	纯度/%	回收率/%
东北红豆杉浸膏 I	0.0591±0.0073	—
东北红豆杉浸膏 II	0.271±0.029	84.31±2.06
东北红豆杉浸膏 III	2.96±0.43	89.37±4.78
紫杉醇粗品	32.49±2.94	89.13±3.44
紫杉醇纯化品 I	89.76±1.31	95.76±2.61
紫杉醇纯化品 II	98.13±0.62	74.62±3.75

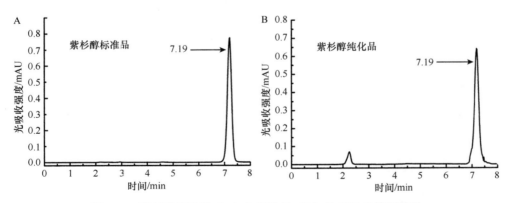

图 4.22 紫杉醇标准品（A）与纯化品（B）的 HPLC 检测结果

第5章 超高压辅助胶束溶液提取纯化紫杉醇的工艺研究

以东北红豆杉的枝叶为原料,采用天然的表面活性剂 HREOA[*N*-(3-氢化松香酸酰-2-羟基) 丙基-*N,N,N*-三乙醇基氯化铵] 的水溶液作为提取溶剂,利用高压能量使样品在通过狭缝的瞬间被释放,在剪切效应、空穴效应、碰撞效应的作用下,红豆杉细胞快速破碎,紫杉醇有效成分得以从液泡中释放,表面活性剂增加了紫杉醇有效成分在混合体系中的溶解度(陈健等,2012)。表面活性剂具备特有的增加脂溶性物质溶解度的效果,其与疏水性物质结合,通过改变实验参数而引发相分离,达到与亲水性物质有效分离的效果,从而提高了提取率。

紫杉醇的传统提取方法有索式提取法、浸渍法和渗漉法等(尚宇光等,2002)。索式提取法的操作方法简便,但是需要较长的提取时间,在提取的过程中需要乙醇等易挥发的有机溶剂提取有效成分,获得有效成分的同时也含有多种杂质成分,给后期的分离造成困难,同时也不利于环境友好发展。浸渍法所需设备简单、操作简便,但浸取时间过长、工作强度大,且有效成分提取不完全。渗漉法适宜对热不稳定且易分解的成分进行提取,方法简单,提取效率较高,但溶剂用量大,造成不必要的浪费。超高压胶束提取技术全过程都处于低温循环水浴环境中,可降低产热并保持原有物质活性和性能,其与传统的提取技术相比有许多显著的优势:提取过程中样品损失少,可用于处理大量样品,操作简单,省时节能,提取过程快速,提取效率高;对比其他提取溶剂,天然的表面活性剂更加安全环保,适用性更强(袁亚光,2015)。

5.1 紫杉醇 HPLC 测定方法的建立

5.1.1 色谱条件

HPLC检测紫杉醇的条件为:色谱柱使用 Diamonsil C_{18} 反相柱(5 μm, 4.6 mm×150 mm);流动相采用甲醇:乙腈:水=525:225:250(*V/V*),柱温为25℃,检测波长为227 nm,流速为1.0 mL/min,进样量为10 μL。标准品的色谱图如图5.1所示。

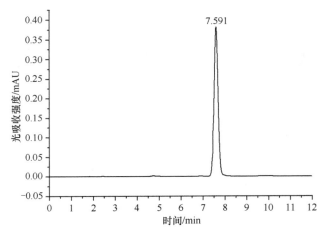

图 5.1　紫杉醇标准品液相色谱分析图

5.1.2　紫杉醇标准曲线的制备

精确称取 3.5 mg 紫杉醇标准品，置于 10 mL 容量瓶中，向其中加入 8 mL 甲醇，在超声波的处理下充分溶解 3 min，加入甲醇补充至刻度线，得到浓度为 0.35 mg/mL 的紫杉醇标准品储备液。精密吸取紫杉醇对照品储备液 5 mL 放入 10 mL 容量瓶中，向其中加入甲醇稀释至刻度线，充分摇匀，依次配制成浓度为 0.35 mg/mL、0.175 mg/mL、0.0875 mg/mL、0.043 75 mg/mL、0.021 875 mg/mL、0.010 937 5 mg/mL 和 0.005 468 75 mg/mL 的标准品溶液，用进样针精确吸取 10 μL 注入系统检测，按照上述检测条件依次测定标准品溶液的峰面积，以标准品溶液浓度（x 值）为横坐标、图谱峰面积积分值（y 值）为纵坐标，绘制紫杉醇标准曲线图，如图 5.2 所示。所得紫杉醇浓度与峰面积的标准曲线回归方程为：y=18 158 852.68x–

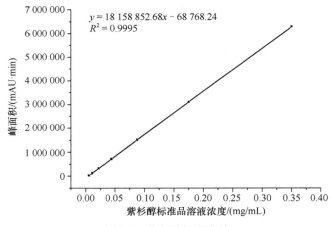

图 5.2　紫杉醇标准曲线

68 768.24,相关系数 R^2 为 0.9995,在 0.005 468 75~0.35 mg/mL 范围内相关性良好。

5.1.3 样品溶液的配制

精确称取 1 g 东北红豆杉枝叶粉末,向其加入 20 mL 质量分数为 1.2% 的 HREOA 溶液,然后,将上述混悬液置于真空包装袋内密封投放到高压破碎提取装置内,提取压力为 100 MPa,提取次数为 1 次,提取时间为 5 min。最后,将高压破碎后的提取液在 5000 r/min 转速下离心 10 min,将滤液与滤渣分开,吸取 1 mL 提取液置于 5 mL 容量瓶中,加入 2 mL 甲醇放置于超声波浴中处理 3 min,用甲醇补充至刻度线,取 1 mL 溶液过 0.22 μm 滤膜,备用。

5.1.4 检测限和定量限

精密吸取紫杉醇标准品储备液 1 mL,用甲醇逐级稀释,取 10 μL 稀释后的溶液注入 HPLC 系统检测,根据样品浓度值与信噪比(S/N)确定检测限和定量限。S/N 为 3 时的浓度为检测限,S/N 为 10 时的浓度为定量限。实验结果如表 5.1 所示。

表 5.1 检测限和定量限检测结果

实验结果	紫杉醇
检测限/(mg/mL)	2.874×10^{-4}
定量限/(mg/mL)	9.034×10^{-4}

5.1.5 精密度

取 0.5 mL 浓度为 0.35 mg/mL 的紫杉醇标准品储备液,精密吸取 10 μL 注入 HPLC 检测系统,重复检测 6 次,通过得到的峰面积计算相对标准偏差(RSD)。所得结果如表 5.2 所示,紫杉醇峰面积的 RSD 小于 2%,所得的实验结果证明精密度良好。

表 5.2 精密度实验结果

检测次数	峰面积/(mAU·min)
1	6 286 830
2	6 239 457
3	6 348 777
4	6 413 665
5	6 234 532
6	6 397 678
RSD/%	1.24

5.1.6　重复性

按照 5.1.3 节描述的方法制备 6 份提取液，每份样品检测 3 次，每次注入 10 μL 的量，得到峰面积后，利用标准曲线方程计算紫杉醇的提取率和 RSD 值。得出的结果如表 5.3 所示，紫杉醇峰面积的 RSD 小于 2%，表明实验结果重复性良好。

表 5.3　重复性实验结果

检测次数	平均峰面积/(mAU·min)	提取率/%
1	75 504	0.015 89
2	76 684	0.016 02
3	75 867	0.015 93
4	71 236	0.015 42
5	73 506	0.015 67
6	75 958	0.015 94
RSD/%	1.42	

5.1.7　稳定性

按照 5.1.3 节描述的方法制备提取溶液样品，将样品放置于室温条件下，分别在 0 h、2 h、4 h、6 h、8 h、10 h、12 h 的时间间隔下检测样品，每份样品检测 3 次，每次注入 10 μL 的量，得到峰面积和保留时间，计算二者的 RSD 值。结果如表 5.4 所示，紫杉醇的平均峰面积和保留时间在 0～12 h 不同间隔内的 RSD 均小于 2%，表明实验结果稳定性良好。

表 5.4　稳定性实验结果

检测时间/h	平均峰面积/(mAU·min)	保留时间/min
0	75 453	7.534
2	75 344	7.633
4	76 256	7.656
6	73 564	7.687
8	74 366	7.693
10	73 566	7.723
12	74 675	7.744
RSD/%	1.35	0.90

5.1.8 加样回收率

按照 5.1.3 节描述的方法制备 9 份提取液，每 3 份为一组，每组分别加入对照品的量为紫杉醇已知含量的 80%、100%、120%，充分摇匀，分别取 10 μL 注入 HPLC 系统检测，计算回收率及 RSD 值。结果如表 5.5 所示，回收率的 RSD 小于 2%，表明样品损失较少。

表 5.5　加样回收率实验结果

实验序号	实测总量/mg	样品中含量/mg	加入总量/mg	回收率/%
1	0.26	0.15	0.12	96.30
2	0.25	0.15	0.12	92.59
3	0.26	0.15	0.12	96.30
4	0.29	0.15	0.15	96.67
5	0.28	0.15	0.15	93.33
6	0.29	0.15	0.15	96.67
7	0.32	0.15	0.18	96.97
8	0.32	0.15	0.18	96.97
9	0.31	0.15	0.18	93.94
RSD/%				1.8

5.2　超高压辅助表面活性剂提取紫杉醇的工艺研究

5.2.1　天然表面活性剂的选择

选择的表面活性剂为天然的或其衍生物。天然表面活性剂同传统的表面活性剂相比，其功能性质不变，但具有以下特点：无污染，无毒或低毒性，易生物降解，具有天然性或生物可再生性。选择易溶于水的天然表面活性剂，综合考虑天然表面活性剂对紫杉醇的溶解度、购买成本和提取率等因素。考察了 12 种天然表面活性剂，分别为烷基糖苷、无患子皂苷、茶皂素、木质素磺酸钠、脂肪醇聚氧乙烯醚硫酸盐醇醚羧酸盐、α-磺基脂肪酸甲酯、脱氢松香胺、N-(3-氢化松香酸酰-2-羟基) 丙基-N,N,N-三乙醇基氯化铵（HREOA）、3-氯-2-羟丙基三甲基氯化铵、N-羟乙基月桂葡萄糖酰胺、椰子油酰胺丙基甜菜碱、月桂氨基丙酸钠。将成本、紫杉醇溶解度和提取率作为考虑因素进行筛选。

如表 5.6 所示，通过不同的表面活性剂水溶液对紫杉醇溶解度的考察，结果表明：HREOA、脂肪醇聚氧乙烯醚硫酸盐醇醚羧酸盐和 α-磺基脂肪酸甲酯对紫杉醇溶解能力较强，溶解度分别为 0.2328 mg/mL、0.1688 mg/mL、0.1080 mg/mL。在同一提取方法和条件下（表面活性剂质量分数 1.5%、液固比 30 mL/g、提取压力 100 MPa、提取时间 5 min），用不同的表面活性剂水溶剂作为提取溶剂，得到紫杉醇的提取率，由结果可知，以 HREOA、α-磺基脂肪酸甲酯盐、茶皂素和脂肪醇聚氧乙烯醚硫酸盐醇醚羧酸盐作为提取溶剂时，通过超高压提取方法得到的紫杉醇提取率较高，分别是 74.4%、66.5%、58.5%、45.5%。对所用到的天然表面活性剂的价格因素进行分析，HREOA、α-磺基脂肪酸甲酯盐、茶皂素和脂肪醇聚氧乙烯醚硫酸盐醇醚羧酸盐在市场上购买 500 g 的价格分别为 60 元、500 元、500 元、575 元，HREOA 的市场价较为低廉。综合上面三种因素考察得出，选择提取率高且价格低廉的 HREOA 作为超高压提取紫杉醇的提取溶液。

表 5.6　不同种类表面活性剂的比较

溶剂种类	价格/(元/500g)	紫杉醇溶解度/(mg/mL)	紫杉醇提取率/%
水	0.003	0.0040	1.2
烷基糖苷	12.5	0.0090	22.2
茶皂素	500	0.0397	58.5
无患子皂苷	300	0.0184	3.8
木质素磺酸钠	440	0.0050	4.7
脂肪醇聚氧乙烯醚硫酸盐醇醚羧酸盐	575	0.1688	45.5
α-磺基脂肪酸甲酯	500	0.1080	66.5
脱氢松香胺	450	0.0110	3.5
HREOA	60	0.2328	74.4
3-氯-2-羟丙基三甲基氯化铵	80	0.0127	13.5
N-羟乙基月桂葡萄糖酰胺	165	0.0082	4.4
椰子油酰胺丙基甜菜碱	3	0.0179	12.7
月桂氨基丙酸钠	26	0.0096	35.5

5.2.2　提取工艺的单因素优化

超高压试验设备可实现压力范围为 0～600 MPa，工作状态可在室温下进行。该设备主要由高压处理舱、高压增压器、过滤水系统、自动控制操作触摸屏及辅助配件构成，如图 5.3 所示。

将鲜物料置于烘箱中脱水处理，待脱水后用粉碎机粉碎成细小颗粒状，将颗粒经 20 目筛，干燥储存，精确称取一定重量的物料粉末放置于真空包装袋内，向其加入一定比例的天然表面活性剂水溶液，用真空封口机封装后，静止过夜使物料充分浸泡。

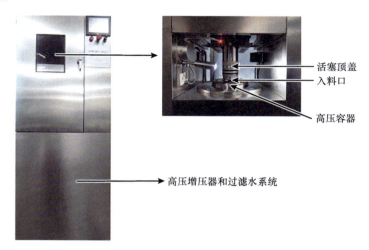

图 5.3　超高压设备装置

通过对天然表面活性剂的要求进行筛选，最终确定应用的天然表面活性剂。根据高压辅助表面活性剂提取的前期预实验结果进行分析，影响高压辅助表面活性剂提取方法对红豆杉枝叶中紫杉醇提取率的主要因素包括表面活性剂的质量分数、液固比、提取压力和提取时间。为了验证每个因素对紫杉醇提取率的影响，采用单因素试验方法对提取工艺进行初步优化。提取率的计算公式如下：

$$紫杉醇提取率（\%）=\frac{提取液待测物含量}{原料中紫杉醇总量}\times100\%$$

1. 表面活性剂的质量分数

考察因素为天然表面活性剂的质量分数：准确称取天然表面活性剂 HREOA，向其中加入超纯水，分别配制 HREOA 浓度为 0.4%、0.8%、1.2%、1.6%、2.0%的溶液。准确称取红豆杉枝叶干燥粉末，按照液固比为 20 mL/g 的比例与 HREOA提取液混合，将混合液置于真空包装袋中，通过封口机将其体系密封，常温浸泡8 h 左右，使物料充分吸收水分，然后将真空包装袋投放到高压破碎提取装置内，设定提取压力为 150 MPa，提取次数为 1 次，提取时间为 5 min。提取结束后，将高压破碎后的提取液在 5000 r/min 转速下离心 10 min，将滤液与滤渣分开，所得滤液即为紫杉醇提取液。通过高效液相色谱检测分析，根据红豆杉枝叶中紫杉醇的含量以及提取液中紫杉醇的含量，计算出紫杉醇的提取率，每组实验重复 6 次，结果取平均值。

表面活性剂一端是与水亲和力极小的疏水端，另一端是与水有极大亲和力的亲水端，疏水端的亲油基团存在吸引作用，使之相互聚拢逃离水的包围，当达到临界胶束浓度后，便形成了疏水端在里面的胶束。本实验对紫杉醇的提取是应用表面活性剂形成的胶束溶液将提取的有效物质包裹在胶束空腔内，从而达到对紫杉醇的有效提取。由图 5.4 可知，当 HREOA 的质量分数在 0.4%～1.2% 时，紫杉醇提取率随着提取溶剂浓度的增加呈现上升的趋势，其原因在于随着表面活性剂浓度的提高，形成的胶束也随之增加，紫杉醇的溶解效果显著提高，有利于紫杉醇的提取。但在 HREOA 的质量分数高于 1.2% 之后，随着 HREOA 浓度的增加，紫杉醇的提取率呈现下降的趋势，这是由于表面活性剂的浓度增加，使体系溶液中的黏度增大，胶束在溶液中的扩散能力减弱，部分胶束难以进入物料基质内部，导致提取率下降。因此，提取溶剂 HREOA 的最佳质量分数为 1.2%。

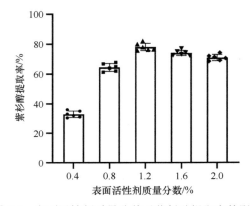

图 5.4　表面活性剂质量分数对紫杉醇提取率的影响

2. 液固比

准确称取天然表面活性剂 HREOA，向其中加入超纯水配制成为 HREOA 质量分数为 1.2% 的溶液。准确称取红豆杉枝叶干燥粉末，分别按照液固比 10 mL/g、20 mL/g、30 mL/g、40 mL/g、50 mL/g 的比例与 HREOA 提取液混合，将混合液置于真空包装袋中，通过封口机将其体系密封，常温浸泡 8 h 左右，使物料充分吸收水分，然后将真空包装袋投放到高压破碎提取装置内，设定提取压力为 150 MPa，提取次数为 1 次，提取时间为 5 min。提取结束后，将高压破碎后的提取液在 5000 r/min 转速下离心 10 min，将滤液与滤渣分开，所得滤液即为紫杉醇提取液。通过高效液相色谱检测分析，根据红豆杉枝叶中紫杉醇的含量以及提取液中紫杉醇的含量，计算出紫杉醇的提取率，每组实验重复 6 次，结果取平均值。

如图 5.5 所示，当液固比为 10～30 mL/g 时，紫杉醇的平均提取率为 35.2%～70.3%；液固比过低时，提取溶剂的体积过小，使紫杉醇在溶液中的浓度接近饱和状态，因此过小的提取溶剂量不利于物料中的有效成分充分释放；随着液固比的增大，紫杉醇提取率不断增大，这是因为提取溶剂的增加使其充分浸润物料的基质内部，并且胶束的作用增强，从而使紫杉醇的提取效果增强；但是当液固比达到一定比例后，紫杉醇的提取率不再增加，因此，本实验选取液固比为 30 mL/g 较合适。

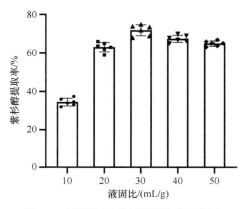

图 5.5　液固比对紫杉醇提取率的影响

3. 提取压力

准确称取天然表面活性剂 HREOA，向其中加入超纯水配制成 HREOA 浓度为 1.2% 的溶液。准确称取红豆杉枝叶干燥粉末，按照液固比为 30 mL/g 的比例与 HREOA 提取液混合，将混合液置于真空包装袋中，通过封口机将其体系密封，常温浸泡 8 h 左右，使物料充分吸收水分，然后将真空包装袋投放到高压破碎提取装置内，分别设定提取压力为 25 MPa、50 MPa、100 MPa、200 MPa、300 MPa，提取次数为 1 次，提取时间为 5 min。提取结束后，将高压破碎后的提取液在 5000 r/min 转速下离心 10 min，将滤液与滤渣分开，所得滤液即为紫杉醇提取液。通过高效液相色谱检测分析，根据红豆杉枝叶中紫杉醇的含量以及提取液中紫杉醇的含量，计算出紫杉醇的提取率。每组实验重复 6 次，结果取平均值。

当物料与提取溶剂混合后，伴随增压的过程中，红豆杉枝叶的植物细胞内外出现超高压差，提取溶剂在压力的作用下迅速渗透到细胞内部，待压力升高后保持一定时间，然后卸压。在卸压的过程中，压力迅速降为常压，植物细胞在内外压力差的作用下，有效成分从细胞的内部扩散至提取溶液中，从而加快了有效成分的提取效率。如图 5.6 所示，当压力从 25 MPa 升高至 100 MPa 时，紫杉醇的提取率逐渐提高，当提取压力提高至 200 MPa、300 MPa 时，紫杉醇提取率不再增加，说明压力增加到 100 MPa 时，植物细胞的结构可以得到充分的破坏，有效成分已充分溶出，随着压力增大，提取溶剂的黏度也会随之增大，导致目标物质的扩散能力减弱，提取率有所下降。因此，最佳的提取压力选择 100 MPa 较合适。

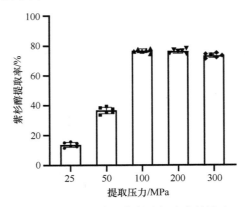

图 5.6　提取压力对紫杉醇提取率的影响

4. 提取时间

　　准确称取天然表面活性剂 HREOA，向其中加入超纯水配制成 HREOA 浓度为 1.2% 的溶液。准确称取红豆杉枝叶干燥粉末，按照液固比为 30 mL/g 的比例与 HREOA 提取液混合，将混合液置于真空包装袋中，通过封口机将其体系密封，常温浸泡 8 h 左右，使物料充分吸收水分，然后将真空包装袋投放到高压破碎提取装置内，设定提取压力为 100 MPa，提取次数为 1 次，提取时间分别为 1 min、3 min、5 min、10 min 和 15 min。提取结束后，将高压破碎后的提取液在 5000 r/min 转速下离心 10 min，将滤液与滤渣分开，所得滤液即为紫杉醇提取液。通过高效液相色谱检测分析，根据红豆杉枝叶中紫杉醇的含量以及提取液中紫杉醇的含量，计算出紫杉醇的提取率。每组实验重复 6 次，结果取平均值。

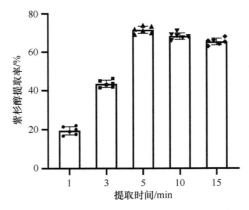

图 5.7　提取时间对紫杉醇提取率的影响

如图 5.7 所示，当保压时间从 1 min 逐渐延长至 5 min 时，紫杉醇平均提取率为 19.1%～70.4%，紫杉醇的提取率呈现增加的趋势，当保压时间继续增大时，紫杉醇提取率不再增加。实验结果说明，提取溶剂在一定压力作用下进入物料的基质内部，使细胞迅速破裂，目标产物渗透出来，保压时间为 5 min 时细胞已经充分破碎，继续增加保压时间反而会降低紫杉醇提取效果，因此，最佳的提取时间选择 5 min 较合适。

5.2.3　提取工艺的响应面优化

各因素之间的交互作用是获得较高紫杉醇提取率的重要因素。利用 Design Expert 8.06 软件进行中心组合设计（CCD）试验，以确定这些变量的最佳水平。选择天然表面活性剂 HREOA 的质量分数、液固比、提取压力、提取时间进行优化，以评价其对紫杉醇提取率的影响。考察的变量范围为：天然表面活性剂 HREOA 的质量分数 0.8%～1.6%，液固比 20～40 mL/g，提取压力 50～150 MPa，提取时间 3～7 min。通过全二次多项式方程来预测响应如下：

$$y = \beta_0 + \sum_{i=1}^{k} \beta_i x_i + \sum_{i=1}^{k} \beta_{ii} x_i^2 + \sum_{i<j}^{k} \beta_{ij} x_i x_j$$

式中，y 是预测响应值；β_0 是系数常数；β_i 是线性系数；β_{ii} 是二次方程，四个不同的自变量被定义为 X_1，X_2，X_3，X_4。中心组合设计试验的主要影响因素及水平如表 5.7 所示。

表 5.7　响应面试验因素及水平

符号	自变量	水平				
		$-\alpha$	-1	0	1	$+\alpha$
X_1	HREOA 的质量分数/%	0.8	1.0	1.2	1.4	1.6
X_2	液固比/(mL/g)	20	25	30	35	40
X_3	提取压力/MPa	50	75	100	125	150
X_4	提取时间/min	3	4	5	6	7

1. 响应面试验设计

根据 CCD 试验优化了表面活性剂的质量分数（X_1）、液固比（X_2）、提取压力（X_3）、提取时间（X_4），以紫杉醇提取率为响应值，得到 30 组试验结果，如表 5.8 所示。对试验结果进行方差分析，拟合出二次回归方程，检验统计模型的显著性。

表 5.8　CCD 试验设计及响应值

试验序号	因素 X_1 表面活性剂的质量分数/%	因素 X_2 液固比/(mL/g)	因素 X_3 提取压力/MPa	因素 X_4 提取时间/min	响应值 R_1 紫杉醇提取率/%
1	1.2	20	100	5	45.5
2	1.2	40	100	5	51.0
3	1.0	25	125	4	45.0
4	1.0	25	125	6	60.0
5	1.4	35	125	6	75.0
6	1.2	30	100	5	75.5
7	1.4	35	75	6	85.0
8	1.2	30	100	3	27.0
9	1.4	35	125	4	38.5
10	1.0	35	75	6	55.0
11	1.2	30	150	5	53.5
12	1.0	25	75	6	36.0
13	1.0	35	125	4	18.6
14	1.0	25	75	4	37.5
15	1.4	25	125	4	50.0
16	1.2	30	100	5	80.0
17	1.2	30	100	5	79.5
18	1.4	25	75	4	46.0
19	1.6	30	100	5	71.0
20	1.0	35	125	6	50.0
21	1.2	30	100	5	78.5
22	1.4	25	75	6	43.5
23	1.4	25	125	6	63.5
24	1.2	30	50	5	47.5
25	1.2	30	100	7	66.5
26	1.2	30	100	5	77.0
27	1.0	35	75	4	33.5
28	0.8	30	100	5	35.8
29	1.4	35	75	4	61.0
30	1.2	30	100	5	81.0

2. 紫杉醇提取率模型拟合

进一步研究表面活性剂 HREOA 的质量分数 X_1、液固比 X_2、提取压力 X_3、提取时间 X_4 各因素在提取紫杉醇的二次多项式模型中的交互作用。结果如表 5.9 所示，F 值为 167.54，P 值 <0.0001，说明紫杉醇提取的模型是显著的；失拟项中的 F 值为 0.97，P 值为 0.5504，表明缺失拟合与纯误差的相关性不显著，说明二次回归模型与实际情况拟合良好。由数据结果得出：一次项 X_4、交互项 X_1X_3 对结果影响不显著（$P>0.05$）；一次项 X_1、X_2、X_3，二次项 X_1^2、X_2^2、X_3^2、X_4^2，交互项 X_1X_2、X_1X_4、X_2X_3、X_2X_4、X_3X_4 对结果影响显著（$P<0.01$）。四个因素对紫杉醇提取率的影响主次顺序为 $X_3>X_1>X_2>X_4$，即提取压力 $>$ 表面活性剂的质量分数 $>$ 液固比 $>$ 提取时间。

表 5.9　回归系数显著性检验 [a]

类型	变差平方和	自由度	平均方差	F 值	P 值
回归模型 [b]	9517.06	14	679.58	167.54	<0.0001
X_1	1621.97	1	1621.97	399.87	<0.0001
X_2	88.55	1	88.55	21.83	0.0003
X_3	1960.23	1	1960.23	483.26	<0.0001
X_4	9.25	1	9.25	2.28	0.1518
X_1X_2	379.28	1	379.28	93.50	<0.0001
X_1X_3	1.63	1	1.63	0.40	0.5362
X_1X_4	25.25	4	25.25	6.23	0.0247
X_2X_3	493.95	1	493.95	121.77	<0.0001
X_2X_4	727.65	1	727.65	179.39	<0.0001
X_3X_4	188.38	1	188.38	46.44	<0.0001
X_1^2	1078.94	1	1078.94	256.99	<0.0001
X_2^2	1567.38	1	1567.38	386.41	<0.0001
X_3^2	1726.75	1	1726.75	425.70	<0.0001
X_4^2	1338.01	1	1338.01	329.86	<0.0001
残差	60.84	15	4.06		
失拟项	40.14	10	4.01	0.97	0.5504
纯误差	20.71	5	4.14		
总计 [c]	9574.90	29			

注：a 数据由 Design Expert 8.0.6 软件得出；b X_1 是表面活性剂的质量分数（%）；X_2 是液固比（mL/g）；X_3 是提取压力（MPa）；X_4 是提取时间（min）；c 修正平均值的总和。

超高压辅助 HREOA 表面活性剂提取东北红豆杉的枝叶中紫杉醇的试验通过 Design Expert 8.0.6 软件进行回归拟合分析，为优化紫杉醇的提取条件以得到最大的紫杉醇提取率，分析了在试验过程中每个变量及其交互作用对紫杉醇提取率的影响，响应面设计的二阶方程模型如下：

$$紫杉醇提取率（\%）=78.58+8.22×X_1+1.92×X_2+9.04×X_3+0.62×X_4+4.87$$
$$×X_1×X_2+0.32×X_1×X_3-1.26×X_1×X_4+5.56×X_2×X_3-6.74$$
$$×X_2×X_4+3.43×X_3×X_4-6.27×X_1^2-7.56×X_2^2-7.93×X_3^2$$
$$-6.98×X_4^2$$

回归方程的可信度分析结果如表 5.10 所示，R^2 值为 0.9936，相关系数更接近 1，表明该模型的预测结果较为准确，利用该模型可以解释 99.36% 的实验数据。校正决定系数 R_{adj}^2 为 0.9877，说明自变量之间有很好的线性相关性。CV 值为 3.62%，说明模型方程能真实地反映试验值，结果表明此模型可以用来设计紫杉醇的提取实验。

表 5.10　回归方程的可信度分析

统计项目	数据
标准偏差	2.01
平均值	55.58
变异系数（CV）/%	3.62
PRESS	261.00
R^2	0.9936
R_{adj}^2	0.9877
预测 R^2	0.9727
精确 R^2	47.476

注：表中数据由 Design Expert 8.0.6 软件得出。

3. 交互因素对紫杉醇提取率的影响

为了研究表面活性剂 HREOA 的质量分数、液固比、提取压力、提取时间及其交互作用对紫杉醇提取率的影响，以紫杉醇提取率为纵坐标、其中两个因素分别为横坐标绘制了 3D 曲面图。

（1）当提取时间固定在 5 min、提取压力固定在 100 MPa 时，表面活性剂质量分数和液固比对紫杉醇提取率的交互作用如图 5.8 所示。在某一特定液固比下，随着表面活性剂质量分数的提高，使得紫杉醇提取率呈现先逐渐增加后趋于平稳的趋势；而在某一表面活性剂质量分数下，紫杉醇提取率随着液固比例的增加呈现出先升高后趋于平稳的趋势，这是因为增加提取溶剂的体积有利于使物料充分浸润，使胶束作用增强从而提高提取效果。当提取溶剂体积增加到一定范围时，提取溶剂在物料基质内部趋于饱和状态，从而使紫杉醇提取率不再增加。

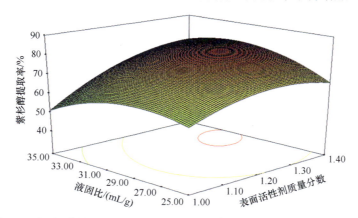

图 5.8　表面活性剂质量分数和液固比的交互作用对紫杉醇提取率的影响

（2）当液固比固定在 30 mL/g、提取压力固定在 100 MPa 时，表面活性剂质量分数和提取时间对紫杉醇提取率的交互作用如图 5.9 所示。在任一特定提取时间下，紫杉醇的提取率随着表面活性剂质量分数的提高呈现出先逐渐增加后趋于平稳的趋势，而在某一表面活性剂质量分数下，随着提取时间的增加，使得紫杉醇提取率呈现先逐渐升高后趋于平稳的趋势。

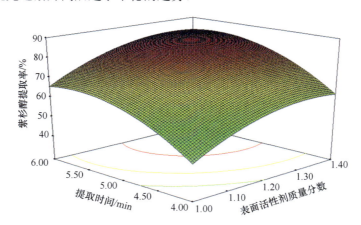

图 5.9　表面活性剂质量分数和提取时间的交互作用对紫杉醇提取率的影响

（3）当液固比固定在 30 mL/g、提取时间固定在 5 min 时，表面活性剂质量分数和提取压力对紫杉醇提取率的交互作用如图 5.10 所示。紫杉醇提取率受表面活性剂质量分数影响较大，在某一特定提取压力下，紫杉醇的提取率随着表面活性剂质量分数的提高呈现出先逐渐增加后趋于平稳的趋势，而在某一表面活性剂质量分数下，紫杉醇提取率随着提取压力的增加呈现出先升高后降低的趋势。这是由于在压力作用下，植物细胞结构受到一定程度的破坏，使有效成分扩散至提取溶剂中，当压力升高到一定范围内，提取溶剂的黏度也会随之增加，阻碍了有效物质的扩散，导致提取率下降。

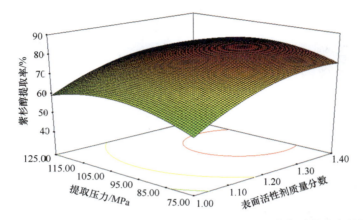

图 5.10　表面活性剂质量分数和提取压力的交互作用对紫杉醇提取率的影响

（4）当表面活性剂质量分数固定在 1.2%、提取压力固定在 100 MPa 时，液固比和提取时间对紫杉醇提取率的交互作用如图 5.11 所示。紫杉醇提取率受提取时间影响较大，在任一特定液固比，随着提取时间的增加，紫杉醇提取率显示出先逐渐升高后趋于稳定的趋势，而在某一提取时间下，紫杉醇提取率随着液固比的增加呈现出先升高后平稳的趋势。

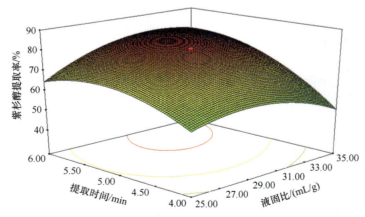

图 5.11　液固比和提取时间的交互作用对紫杉醇提取率的影响

（5）当表面活性剂质量分数固定在 1.2%、提取时间固定在 5 min 时，液固比和提取压力对紫杉醇提取率的交互作用如图 5.12 所示。在某一特定液固比下，紫杉醇提取率随着提取压力的增加而增大，在提取压力为 95 MPa 左右时获得最大的提取率，而在某一特定提取压力下，紫杉醇提取率随着液固比的升高呈现出先升高后降低的趋势。

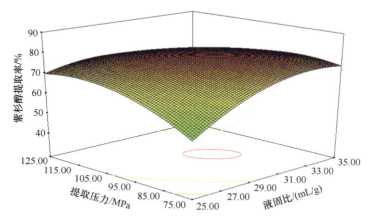

图 5.12　液固比和提取压力的交互作用对紫杉醇提取率的影响

（6）当表面活性剂质量分数固定在 1.2%、液固比固定在 30 mL/g 时，提取时间和提取压力对紫杉醇提取率的交互作用如图 5.13 所示。紫杉醇提取率受提取时间影响较大，在某一特定提取压力下，随着提取时间的增加，紫杉醇提取率呈现出先逐渐升高后趋于稳定的趋势，而在某一提取时间下，随着提取压力的增加，使得紫杉醇提取率呈现先升高后降低的趋势。

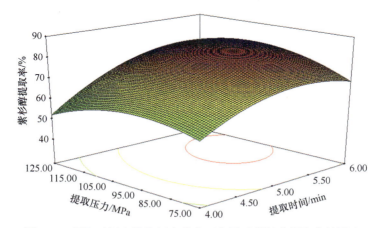

图 5.13　提取时间和提取压力的交互作用对紫杉醇提取率的影响

最终，由响应面软件分析法得到超高压辅助表面活性剂提取红豆杉枝叶中紫杉醇的最优条件为：表面活性剂质量分数 1.40%、液固比 35 mL/g、提取压力 94 MPa、提取时间 6 min，紫杉醇提取率的预测值为 87.508%。在此条件下，验证了回归模型的有效性，进行 3 次验证试验证明，最终获得紫杉醇提取率的平均值为 87.164%，与预测值仅相差 0.344%，说明实验值能够与预测理论值很好地拟合。该模型的拟合程度高，回归方程具有较好的预测水平，因此该提取工艺稳定、可行。

5.2.4　不同方法提取东北红豆杉枝叶中紫杉醇

通过比较超声提取法、匀浆提取法、热浸提取法、热回流提取法、超声-微波协同提取法和超高压破碎提取法提取东北红豆杉枝叶中紫杉醇的提取率。精确称取红豆杉枝叶干燥粉末 10.0 g，按照液固比为 30 mL/g 的比例加入质量分数为 1.5% 的 HREOA 提取溶剂或 90% 乙醇溶剂，按照不同的提取方法操作，得到的提取液在 5000 r/min 转速下离心 10 min，取上清液用甲醇稀释相同倍数，按照 5.1.1 节所述的液相色谱检测条件，测定紫杉醇的含量，计算紫杉醇提取率。

本研究内容为探索不同的提取工艺对获得目标产物的提取时间、能耗、提取率、CO_2 释放量等指标进行评估，考察不同提取方法之间的差异。通常来说，这些指标是考察一项提取工艺技术优劣的重要参数，较短的提取时间内获得较高的目标产物的量，说明该项提取技术具备了较突出的提取效率；较低的耗电量、较低的 CO_2 释放量则证明了该项提取工艺具备环保、节能的优点。研究结果如表 5.11 所示。传统的超声提取法与匀浆提取法所需的提取时间较短，CO_2 释放量也相对较少，但是对于紫杉醇的提取率不高，提取率分别为 41.31% 和 44.35%；对于传统的热浸提取法和索氏提取法而言，在提取的过程中耗时较长，提取时间分别为 720 min 和 180 min，所得到的紫杉醇提取率为 37.85% 和 53.53%，热浸提取法 CO_2 释放量为 4140 g，是所有考察方法中 CO_2 释放量最高的一种，不利于环境的保护；超声-微波协同提取法所需时间为 20 min，相比其他传统方法时间较短，对目标物质的提取率为 62.25%，CO_2 释放量为 275.31 g；超高压提取法的提取时间较短，为 5 min，相比超声-微波协同提取法及其他传统提取方法耗时最短，提取方法简单省时，提取率达到 74.4%，CO_2 释放量为 431.25 g。虽然超高压提取法的 CO_2 释放量略高于超声提取法、匀浆提取法和超声-微波协同提取法，但是目标产物的提取率却远高于其他提取方法，大大缩短了提取时间，减少了 CO_2 气体排放，有效地降低能耗，相比传统方法是一种高效率、低能耗、环保地提取紫杉醇的方法。

表 5.11　不同提取工艺对能耗、提取率、环境影响的比较

提取方法	提取时间/min	耗电量/(kW·h)	提取率/%	CO_2 释放量/g
超声提取法	30	0.4	41.31	276
匀浆提取法	5	0.0166	44.35	11.454
热浸提取法	720	6	37.85	4140
索氏提取法	180	1.3	53.53	897
超声-微波协同提取法	20	0.399	62.25	275.31
超高压提取法	5	0.625	74.40	431.25

5.3　紫杉醇的分离与纯化工艺研究

　　通过高压辅助胶束溶液提取东北红豆杉的枝叶，在成分复杂的提取液中，除了含有多种紫杉烷类物质之外，还包含了蜡质、大量色素、黄酮类等其他杂质。因此，要对紫杉醇成分进行富集与纯化，首先应尽可能初步分离其他干扰杂质（郭立佳，2006），回收目标成分。紫杉醇的初步纯化不提倡直接使用柱层析的方式，如大孔树脂层析、硅胶层析、C_{18} 柱层析等，原因是提取液中存在大量杂质成分，若将提取液直接上柱分离纯化，会导致填料的不可逆吸附，无法再生，造成填料报废，从成本上考虑，这种操作造价高，也会增加萃取的步骤，使工艺变得复杂化。初步纯化工艺中使用液-液萃取的方式能够除去部分杂质。

　　正相层析是指固定相的极性小于流动相的极性，在层析期间，极性小的物质会先被洗脱出来，而极性大的物质后被洗脱出来。正相层析中最普遍用到的填料为硅胶和氧化铝，据文献报道（张志强和苏志国等，2000），纯化紫杉醇工艺中使用碱性氧化铝作为填料时柱层析的效果极好，氧化铝可以将糖基化紫杉醇转化为紫杉醇，大大提高了紫杉醇的回收率，增加了紫杉醇的资源利用。

5.3.1　紫杉醇的富集

1. 紫杉醇提取液的制备

　　根据 5.2 节内容优化得出的超高压辅助表面活性剂提取法的最佳条件，对东北红豆杉的枝叶干燥粉末进行提取，获得的提取液以 5000 r/min 的速度离心 10 min，使得滤渣与滤液分离，获得滤液对紫杉醇进行分离与纯化。

2. 萃取溶剂的选择

　　本研究中液-液萃取的目的是对上面制备的提取液进一步富集，使提取液中的紫杉醇转移至萃取相内，进一步进行紫杉醇的纯化研究。液-液萃取的原理是依据

溶液中各种成分在所选取的两相溶剂中溶解度的差异性，由于提取溶液是胶束水溶液组成的混悬液，对于萃取溶剂的选择有几点要求。首先，不应与水互溶；其次，对紫杉醇溶解度高且不溶于提取溶剂 HREOA。根据这几点要求进行了萃取溶剂的筛选，初步选取了乙酸乙酯、三氯甲烷、二氯甲烷作为萃取溶剂，对其萃取后紫杉醇的纯度和回收率进行研究，实验结果如图 5.14 所示。由结果可知，分别选用萃取溶剂乙酸乙酯、三氯甲烷、二氯甲烷对提取液进行萃取，紫杉醇的回收率为92.4%、90.3%、89.6%；萃取后得到的浸膏中紫杉醇的纯度分别是 0.23%、0.13%、0.12%。乙酸乙酯作为萃取剂获得较高的紫杉醇回收率，并且得到较高的紫杉醇纯度，原因可能是：乙酸乙酯对于 HREOA 的溶解性几乎是不溶的，所以在萃取后获得的浸膏中 HREOA 几乎不存在，相当于除了一部分的杂质，所以获得的紫杉醇纯度较高；而三氯甲烷和二氯甲烷对于 HREOA 有一定的溶解效果，导致萃取后的浸膏中存在部分 HREOA，这不利于后期的进一步除杂。因此，选择乙酸乙酯作为提取液的萃取溶剂效果最佳。

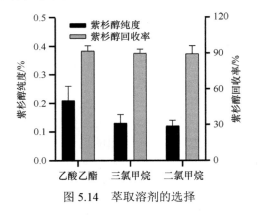

图 5.14　萃取溶剂的选择

3. 紫杉醇的分步萃取

（1）液-液萃取：高压提取后的提取液离心取上清液，加入等倍体积的有机溶剂（乙酸乙酯或三氯甲烷或二氯甲烷），超声处理 30 min，将混悬液置于分液漏斗中，静置分层，获取有机相，再将水相加入等体积有机溶剂超声处理 30 min。将水相萃取 3 次，与获取的有机相溶液混合，通过减压浓缩回收有机溶剂，将浓缩物置于 40℃烘箱烘干，得到棕色的固体浸膏，准确称其重量，取少量浸膏用甲醇充分溶解，以 10 000 r/min 转速离心 10 min，取上清液按照 5.1 节的 HPLC 条件检测紫杉醇的含量，并计算纯度和回收率。将剩余的浸膏用于下一步萃取。紫杉醇纯度与回收率计算公式如下：

$$紫杉醇纯度（\%）=\frac{浸膏中紫杉醇含量}{浸膏总量}\times100\%$$

$$\text{紫杉醇回收率（\%）}=\frac{\text{萃取后紫杉醇含量}}{\text{萃取前紫杉醇含量}}\times100\%$$

（2）固-液萃取：向上述所得的固相浸膏中加入 10 倍体积的石油醚，将其置于超声中使之充分混合，使极性低的脂类杂质充分溶解，以 5000 r/min 的转速离心处理 10 min，收集沉淀，将上清液减压蒸馏回收，重复萃取处理 3 次，将固相浸膏置于 40℃烘箱中烘干，准确称量其重量，取少量的固体粉末用甲醇充分溶解，以 10 000 r/min 转速离心 10 min，取上清液按照 5.11 节的 HPLC 条件检测紫杉醇的含量，并计算纯度和回收率。将剩余的固体粉末用于下一步萃取。

（3）液-液萃取：将上述获得的固相浸膏以 1:2（*V/V*）的比例比加入三氯甲烷，置于超声波浴中充分混合使之溶解，向其加入与三氯甲烷等体积的蒸馏水，超声处理 10 min 后，置于分液漏斗中静止分层，回收三氯甲烷相，将三氯甲烷再加入等体积的蒸馏水超声处理，如此重复 3 次，合并有机相溶液，通过减压蒸馏回收三氯甲烷，固相浸膏置于 40℃烘箱中烘干即得到紫杉醇的粗品。准确称量其重量，取少量的固体粉末用甲醇充分溶解，以 10 000 r/min 转速离心 10 min，取上清液按照 5.1 节的 HPLC 条件检测紫杉醇的含量，并计算纯度和回收率。将剩余的固体粉末用于下一步柱层析富集。

（4）以乙酸乙酯为萃取溶剂对高压辅助表面活性剂提取法获得的提取液进行萃取，除去了大部分的糖类、表面活性剂、黄酮类等杂质成分，得到了棕绿色的萃取液，经过 HPLC 的测定并分析计算，得出紫杉醇的纯度为 0.23%，紫杉醇的平均回收率为 92.4%。接下来，使用石油醚对紫杉醇的粗品进行脱色除杂萃取，得到了浅棕色的萃取液，经过 HPLC 的分析和计算，得出紫杉醇的纯度和回收率分别是 0.94% 和 89.5%。最后，使用三氯甲烷对上述所得固体粉末进行萃取，得到了浅棕色的萃取液，通过 HPLC 的测定与计算得出紫杉醇的纯度为 2.85%、回收率为 93.6%。分步萃取使紫杉醇得到了有效的富集，为进一步的纯化奠定了基础。

5.3.2　柱层析分离紫杉醇

1. 氧化铝层析柱的制备

首先用高温活化过的分子筛将甲醇与三氯甲烷脱水处理，将层析用的碱性氧化铝（100～200 目）在 190℃真空干燥活化处理 6 h，然后用脱水处理的三氯甲烷充分浸泡氧化铝，将其置于超声波浴中处理 5 min，目的是将气泡去除干净，将糊状的填充物缓慢地灌入层析柱中，边灌入边不断敲打层析柱以赶尽气泡，使氧化铝自然下沉，装成 30 mm×180 mm 的层析柱。洗脱 3～4 个柱体积的三氯甲烷，使填充物更加紧实。

2. 样品的制备与上样

将萃取后得到的紫杉醇粗品固体粉末精确称量 1 g，用 3 mL 的三氯甲烷充分溶解，加入适量的氧化铝，然后缓慢地滴加在层析柱上方，使其在层析柱上方表面形成均匀的薄层。

3. 样品吸附时间的单因素优化

采用湿法装柱使氧化铝自然下沉，装成 30 mm×180 mm（径高比为 1 : 6）的层析柱，样品与氧化铝按照 1 g : 100 g 比重进行称取，加入 3 mL 三氯甲烷溶液，充分混合，缓慢滴加在柱子上方形成薄膜，分别平衡 0 min、10 min、20 min、30 min、40 min、50 min。先用三氯甲烷淋洗去除未被吸附和极性较低的杂质，再用洗脱剂三氯甲烷：乙醇=96 : 4（V/V）进行洗脱，调节层析柱的控制阀控制流速为 1 mL/min 收集洗脱液，用 HPLC 测定其纯度，减压浓缩，置于 40℃烘箱中烘干，即得到纯化后的紫杉醇固体粉末。取少量的固体粉末用甲醇充分溶解，以 10 000 r/min 转速离心 10 min，取上清液按照 5.1 节的 HPLC 条件检测紫杉醇的含量，并计算纯度和回收率。每组实验重复 3 次，结果取平均值。

实验结果表明，碱性氧化铝对于粗提物中某些紫杉烷类物质有一定的催化效果，催化效果主要与氧化铝层析过程中样品吸附的时间相关。本实验检测了样品驻留柱头的时间为 0 min、10 min、20 min、30 min、40 min、50 min 时紫杉醇的回收率和纯度，所得结果如图 5.15 所示。随着样品在层析柱中的吸附时间由 0 min 增加至 30 min 时，紫杉醇的回收率呈现不断上升的趋势，说明一定的吸附时间提供了紫杉烷类向紫杉醇转换的时间需求，当吸附时间达到 30 min 时，紫杉醇的回收率达到最高（为 130.4%），但是随着吸附时间从 30 min 提高至 50 min，紫杉醇的回收率呈现了逐渐下降的趋势，这种现象说明，随着样品停留时间的增加，紫杉醇的降解反应具有主导作用，是导致紫杉醇回收率下降的原因；紫杉醇的纯度随着吸附时间增加而增大，当吸附时间为 30 min 时，获得的紫杉醇的纯度最高，这也与紫杉醇回收率有直接的关系，紫杉醇回收率的提高必然会提高紫杉醇的纯

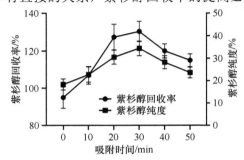

图 5.15　吸附时间对紫杉醇回收率和纯度的影响

度，当吸附时间继续增加时，紫杉醇的纯度不再增加，因此本实验选用了样品吸附时间 30 min 为最佳的工艺条件。

4. 径高比单因素优化

采用湿法装柱使氧化铝自然下沉，分别装成径高比为 1∶4、1∶6、1∶8、1∶10、1∶12 的层析柱，样品与氧化铝按照 1 g∶100 g 比重进行称取，加入 3 mL 三氯甲烷溶液，充分混合，缓慢滴加在柱子上方形成薄膜，平衡 30 min 后，先用三氯甲烷淋洗以去除未被吸附和极性较低的杂质，再用洗脱剂三氯甲烷∶乙醇=96∶4（*V/V*），以 1.5 mL/min 的流速进行洗脱，收集洗脱液用 HPLC 测定其纯度，减压浓缩，置于 40℃烘箱中烘干，即得到纯化后的紫杉醇固体粉末。取少量的固体粉末用甲醇充分溶解，以 10 000 r/min 转速离心 10 min，取上清液按照 5.1 节的 HPLC 条件检测紫杉醇的含量，并计算纯度和回收率。每组实验重复 3 次，结果取平均值。

经过上述对影响因素的优化，本节选取样品吸附时间 30 min、洗脱流速 1.5 mL/min 作为固定条件，考察径高比在 1∶4、1∶6、1∶8、1∶10、1∶12 的条件下对紫杉醇回收率和纯度的影响，结果如图 5.16 所示。径高比从 1∶4 增加至 1∶8 时，紫杉醇的纯度呈现增长的趋势，并且在径高比为 1∶8 时获得的紫杉醇的纯度最高（为 37.6%）。然而径高比由 1∶8 继续增加至 1∶12 时，紫杉醇的纯度呈现下降的趋势，原因可能是由于紫杉醇在层析柱中有大量的吸附未能够洗脱下来，从而导致了纯度的降低。紫杉醇的回收率对径高比的变化不敏感，保持稳定的趋势，总体变化范围为 90.3%～91.2%。综合考虑，选取径高比 1∶8 作为柱层析的最佳工艺条件。

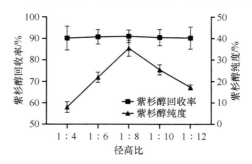

图 5.16　径高比对紫杉醇回收率和纯度的影响

5. 洗脱速度单因素优化

采用湿法装柱使氧化铝自然下沉，装成 30 mm×240 mm（径高比为 1∶8）的层析柱，样品与氧化铝按照 1 g∶100 g 比重进行称取，加入 3 mL 三氯甲烷溶液，充分混合，缓慢滴加在柱子上方形成薄膜，平衡 30 min 后，先用三氯甲烷淋洗以去除未被吸附和极性较低的杂质，再用洗脱剂三氯甲烷∶乙醇=96∶4（*V/V*）进行洗脱，分别用 0.5 mL/min、1.0 mL/min、1.5 mL/min、2.0 mL/min、2.5 mL/min 的洗脱流速，收集洗脱液用 HPLC 测定其纯度，减压浓缩，置于 40℃烘箱中烘干，即得到纯化后的紫杉醇固体粉末。取少量的固体粉末用甲醇充分溶解，以 10 000 r/min 转速离心 10 min，取上清液按照 5.1 节的 HPLC 条件检测紫杉醇的含量，并计算纯度和回收率。每组实验重复 3 次，结果取平均值。层析过程在常温常压下进行。氧化铝用甲醇再生。

　　据相关文献报道（郭立佳，2006），洗脱紫杉醇的溶剂可以选用三氯甲烷：甲醇=96：4（V/V）混合液。本论文采用了不同的洗脱速度（0.5 mL/min、1.0 mL/min、1.5 mL/min、2.0 mL/min、2.0 mL/min）对紫杉醇纯度和回收率进行对比分析，以三氯甲烷/甲醇洗脱 3 个床体积（bed volume，BV），结果如图 5.17 所示。随着洗脱速度从 0.5 mL/min 增加到 1.5 mL/min，紫杉醇纯度呈现增长的趋势，这是因为加大流速会使溶质在溶剂中的扩散效果变得显著，有利于纯度的增加。然而随着洗脱流速的继续增加，紫杉醇的纯度有所下降，这可能是因为，加快洗脱液的流速使得吸附-洗脱条带距离过宽，各组成分在固-液两相之间的平衡时间过短，彼此分不开，从而导致多种混合成分一同流出；紫杉醇回收率随着洗脱速度的增加而有所下降，当流速超过 1.5 mL/min 时，紫杉醇回收率下降速度较快。综上考虑，选取洗脱流速 1.5 mL/min 为最佳工艺条件。

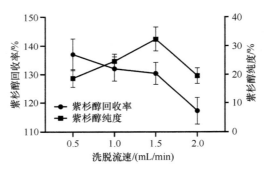

图 5.17　洗脱流速对紫杉醇回收率和纯度的影响

6. 洗脱曲线

　　按照上述实验得出的结果，选用碱性氧化铝作为柱层析的填充物，按照径高比 1：8 的比例装成 30 mm×240 mm 的柱子，样品在柱头吸附时间为 30 min，之后采用三氯甲烷：甲醇=96：4（V/V）作为洗脱剂，以 1.5 mL/min 的洗脱流速洗脱 3BV，以每管 10 mL 的量收集洗脱液，将紫杉醇的总回收率视为 100%，分别以每管中紫杉醇的回收率占总回收率的百分比绘制洗脱曲线图，所得曲线如图 5.18 所示。当收集到第 9 管时，通过 HPLC 检测到紫杉醇的含量有上升的趋势，第 12 管中检测到紫杉醇的含量最高，随之在收集管中检测出的紫杉醇含量逐渐下降，第 20 管之后的收集液中紫杉醇的含量几乎为零，收集的洗脱液中大部分紫杉醇回收在 10～20 管中,因此确定 2BV 为最佳洗脱体积。富集样品经过碱性氧化铝层析后,紫杉醇的液相色谱如图 5.19 所示。由色谱图结果可知,经过柱层析后的样品杂质峰有所减少,紫杉醇的色谱峰面积有很大的提高。经过碱性氧化铝纯化后的样品粉末中,紫杉醇的纯度为 38.4%,回收率为 132.5%。此外,经过柱层析后得到的紫杉醇产品为淡黄色的粉末状产物,如图 5.20 所示,将固体粉末用于下一步重结晶纯化。

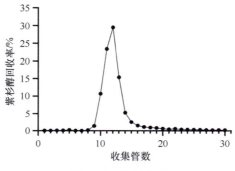

图 5.18　洗脱曲线

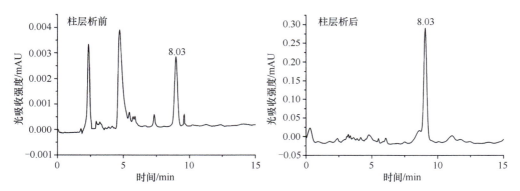

图 5.19　碱性氧化铝层析前后样品色谱图

图 5.20　柱层析后的紫杉醇粗品

5.3.3　重结晶法纯化紫杉醇

采用反溶剂重结晶法将柱层析得到的紫杉醇粗品进行纯化。经过单因素试验考察，影响紫杉醇纯度和回收率的因素包括：紫杉醇粗品的浓度、反溶剂与溶剂体积比、沉积温度、沉积时间。单因素的具体实验操作过程如下。

1. 单因素优化紫杉醇粗品的浓度

准确称取紫杉醇粗品，加入甲醇分别配制成浓度为 20 mg/mL、40 mg/mL、60 mg/mL、80 mg/mL、100 mg/mL 的混合液。每组吸取 2 mL 样品，迅速逐滴加入 20 mL 的去离子水中，在 25℃下搅拌 3 min，将混悬液以 10 000 r/min 的速度离心 10 min，收集沉淀物并用去离子水洗涤，将获取的沉淀物烘干，准确称重，加入甲醇充分溶解；通过 HPLC 检测紫杉醇含量，并计算紫杉醇的纯度和回收率。每组实验重复 3 次，结果取平均值。

经过氧化铝层析柱纯化后获得的紫杉醇为纯度 38.4% 的粗品，采用反溶剂重结晶法将富集得到的紫杉醇粗品进一步纯化，从而得到高纯度的紫杉醇。根据预实验结果，选择甲醇作为溶剂、水作为反溶剂，通过单因素试验优化制备出高纯度的紫杉醇。

紫杉醇粗品的浓度对紫杉醇纯度和回收率的影响结果如图 5.21 所示。紫杉醇的纯度随着紫杉醇粗品浓度的增加呈现先增大后平稳的趋势，而紫杉醇的回收率随着紫杉醇粗品浓度的增加呈现出先升高后缓慢降低的趋势，当紫杉醇粗品在甲醇溶液中的浓度范围为 40~60 mg/mL 时，获得的紫杉醇的纯度与回收率较高，分别为 77.4%~77.1% 和 89.0%~88.0%。原因可能是，当紫杉醇粗品浓度由低浓度范围向高浓度逐渐增加时，越来越多的紫杉醇达到了饱和状态，从而析出结晶，使得紫杉醇的纯度和回收率随浓度的增加而不断升高；然而随着紫杉醇粗品的浓度增加到高浓度范围，除了紫杉醇以外的其他杂质也随之析出，因此紫杉醇的纯

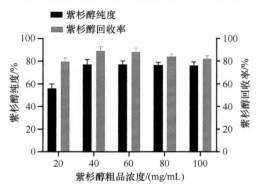

图 5.21　紫杉醇粗品浓度对紫杉醇回收率和纯度的影响

度和回收率随着紫杉醇粗品浓度的增加而缓慢下降。所以，综合考虑，选取紫杉醇粗品的浓度 40 mg/mL 作为重结晶纯化的条件。

2. 单因素优化反溶剂与溶剂的体积比

准确称取紫杉醇粗品，加入甲醇配制成浓度为 40 mg/mL 的混合液，分为 5 组，每组吸取 2 mL 样品溶液，分别迅速逐滴加入 10 mL、20 mL、30 mL、40 mL、50 mL 的去离子水中，在 25℃下搅拌 3 min，将混悬液以 10 000 r/min 的速度离心 10 min，收集沉淀物并用去离子水洗涤，将获取的沉淀物烘干，准确称重，加入甲醇充分溶解，通过 HPLC 检测紫杉醇含量，并计算紫杉醇的纯度和回收率。每组实验重复 3 次，结果取平均值。

反溶剂与溶剂体积比对紫杉醇纯度和回收率的影响结果如图 5.22 所示。从图中可知，当反溶剂与溶剂的体积比从 5∶1 增加至 25∶1 时，紫杉醇的纯度呈现先逐渐增加后趋于平稳的趋势，而紫杉醇的回收率呈现出先升高随之缓慢下降的趋势，当反溶剂与溶剂的体积比为 15∶1 时，紫杉醇的纯度与回收率达到了最大值，分别为 76.7% 和 86.1%，当反溶剂与溶剂的体积比大于 15∶1 时，紫杉醇的纯度与回收率呈现出趋于平稳的状态。因此，选择反溶剂与溶剂的体积比 15∶1 为重结晶纯化的最优条件。

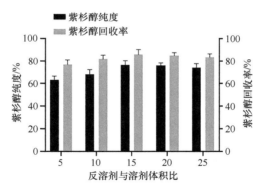

图 5.22　反溶剂与溶剂体积比对紫杉醇纯度的影响

3. 单因素优化沉积温度

准确称取紫杉醇粗品，加入甲醇使之配制成浓度为 40 mg/mL 的混合液，分为 5 组，每组吸取 2 mL 样品溶液，分别迅速逐滴加入 30 mL 的去离子水中，分别设置搅拌温度为 20℃、25℃、30℃、35℃、40℃，搅拌时间为 3 min。将混悬液以 10 000 r/mim 的速度离心 10 min，收集沉淀物用去离子水洗涤，将获取的沉淀物烘干，准确称重，加入甲醇溶解充分溶解，通过 HPLC 检测紫杉醇含量，并计算紫杉醇的纯度和回收率。每组实验重复 3 次，结果取平均值。

沉积温度对紫杉醇纯度和回收率的影响结果如图 5.23 所示。从所得数据中可知，紫杉醇的纯度随着反应温度从 20℃ 升高至 25℃，呈现出逐渐增加的趋势，当温度达到 25℃ 之后，紫杉醇的纯度呈现显著下降的趋势；而紫杉醇的回收率随着温度从 25℃ 增加至 40℃ 时，呈现逐渐下降的趋势，回收率从 84.1% 下降至 65.3%。原因是当处于低温状态时，物质的相对溶解度较低，紫杉醇在溶液中更易达到饱和状态而析出，同时，杂质成分也随之析出，导致紫杉醇的回收率虽然高但是纯度略低，待升高温度后，紫杉醇的溶解度也会有所提高，不利于紫杉醇的析出，导致紫杉醇的回收率降低，因此，只有温度适宜，才能得到较高的紫杉醇纯度与回收率。综合考虑，选择 25℃ 的沉积温度为重结晶纯化的条件。

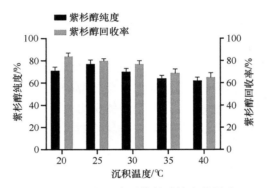

图 5.23　沉积温度对紫杉醇纯度的影响

4. 单因素优化沉积时间

准确称取紫杉醇粗品，加入甲醇使之配制成浓度为 40 mg/mL 的混合液，分为 5 组，每组吸取 2 mL 样品溶液，分别迅速逐滴加入 30 mL 的去离子水中，搅拌温度为 25℃，搅拌时间分别为 1 min、3 min、5 min、7 min、9 min。将混悬液以 10 000 r/min 的速度离心 10 min，收集沉淀物用去离子水洗涤，将获取的沉淀物烘干，准确称重，加入甲醇充分溶解，通过 HPLC 检测紫杉醇含量，并计算紫杉醇的纯度和回收率。每组实验重复 3 次，结果取平均值。

反应的时间对紫杉醇纯度和回收率的影响结果如图 5.24 所示。从所得结果中可知，紫杉醇的纯度随着沉积时间的升高而不断下降，呈现这种趋势的原因可能是：紫杉醇在水中的溶解度很低，而在甲醇中是完全溶解的状态，加入去离子水后紫杉醇迅速析出，随着反应时间的增加，紫杉醇析出的量不断增加，同时其他的杂质成分也会大量析出，因此导致紫杉醇的纯度随着反应时间的增加而不断减小；另外，紫杉醇的回收率随着沉积时间的增加呈现逐渐上升的趋势，时间的增加使得紫杉醇析出更加完全。综合考虑，选择沉积时间为 3 min，此时紫杉醇的纯度和提取率均达到较高水平。

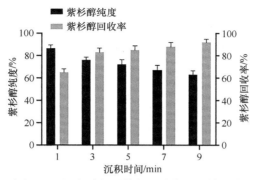

图 5.24　沉积时间对紫杉醇纯化工艺的影响

因此，重结晶纯化紫杉醇工艺的最佳条件为：紫杉醇粗品的浓度是 40 mg/mL，反溶剂与溶剂的体积比是 15∶1，沉积温度是 25℃，沉积时间是 3 min。在此条件下对紫杉醇粗品进行重结晶的纯化实验，最终获得的紫杉醇纯度为 84.5%、回收率为 83.1%。利用最佳的重结晶纯化工艺条件，对纯度为 84.5% 的紫杉醇产品进行二次重结晶，最终获得了纯度≥98% 的紫杉醇产品。

5.3.4　紫杉醇的鉴定

将纯化后纯度≥98% 的紫杉醇与紫杉醇的标准品通过 HPLC 检测鉴定，结果如图 5.25 所示。结果显示，紫杉醇粗品经过重结晶纯化后，杂质基本被去除。

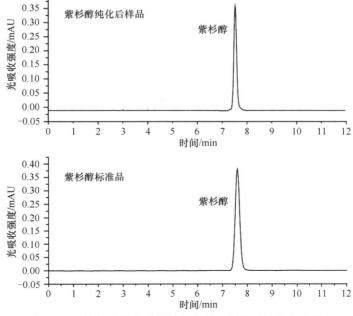

图 5.25　紫杉醇纯化后样品与紫杉醇标准品液相色谱图

1. 红外光谱结构分析

采用傅里叶红外光谱仪（FTIR）对获得的高纯度紫杉醇样品进行光谱结构鉴定，并且与紫杉醇标准品的红外光谱结构进行比较分析。精确称取待测样品 2 mg 与 KBr 混合，干燥，研磨均匀，置于压片模具中，使用油压机在（5～10）×10^6 Pa 的压力下制备透明的薄片，放入样品池内。分析条件为：分辨率是 4 cm^{-1}，波长是 4000～400 cm^{-1}，在此条件下进行红外光谱分析鉴定。

紫杉醇的标准品与紫杉醇纯化后的样品的红外光谱结构如图 5.26 所示。由图谱可知，紫杉醇标准品的图谱曲线中主要的特征峰包括：在 1733.8 cm^{-1} 和 1714.4 cm^{-1} 处的酮羰基（C=O）的吸收峰，在 1636.2 cm^{-1} 处为酰胺基的吸收峰，在 3300～3500 cm^{-1} 处的羟基—OH 的伸缩振动吸收峰；经过重结晶纯化后的紫杉醇样品的红外图谱中显示出与紫杉醇标准品一致的红外光谱曲线。这一结果说明了纯化后的紫杉醇在红外光谱中各官能团的吸收峰符合该化合物的结构特征。

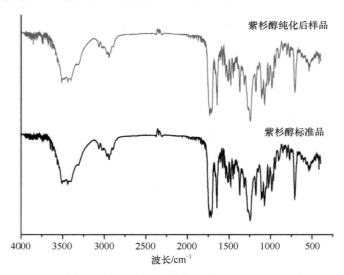

图 5.26　紫杉醇纯化后样品与紫杉醇标准品的红外光谱图

2. 差示扫描量热分析

采用差示扫描量热仪（DSC）对分离纯化获得的紫杉醇样品进行检测，并且与紫杉醇标准品的熔点和物理形态进行分析比较。精确称取待测样品置于坩埚内，整个检测系统在氮气保护下进行检测。检测条件为：温度范围 40～400℃，升温速度为 10℃/min。

经过纯化后的紫杉醇样品与紫杉醇标准品的差示扫描量热结果如图 5.27 所示，由实验结果得知，紫杉醇标准品的图谱曲线在 221.48℃ 和 244.32℃ 处分别有一个吸热峰和一个放热峰，而经过重结晶纯化后的紫杉醇样品中差示扫描量热曲线也有一个吸热峰和一个放热峰，且与紫杉醇标准品的差示扫描量热峰相同。由此证明了重结晶纯化后获得的样品与标准品高度吻合，可以确定重结晶纯化后的样品即为紫杉醇。

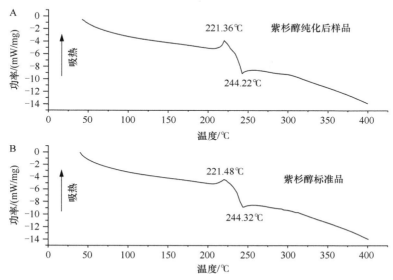

图 5.27　紫杉醇纯化后样品（A）与紫杉醇标准品（B）的差示扫描量热图

第6章　超高压辅助胶束溶液提取紫杉醇的机理初探

　　天然植物中有效成分的提取工艺是中草药现代化发展的关键基础。对于中草药有效物质提取工艺的研究，首先从传统的提取经验出发，与现代化学成分、药理活性等方面相结合，全面考察提取有效成分所需的提取溶剂、设备及方法，为其寻找一种便捷、省时、提取率高、成本低廉、杂质少的最佳提取工艺技术。传统的提取植物有效成分的工艺技术，均存在缺点和弊端，经过植物提取工艺不断的完善与创新：本研究提出了一种全新的、从东北红豆杉枝叶中提取紫杉醇的方法——超高玉辅助胶束溶液提取法。超高压提取全称为"超高冷等静压"（ultra high cold isostatic hydrostatic pressure），此项提取技术已在工业领域应用多年，在 19 世纪末应用于食品领域，同时在中草药的提取领域中也得到了应用（段振等，2017）。高压提取技术是利用压力在 100～900 MPa 的流体静压力，作用于提取溶液与中草药的混合溶液，在常温条件下升高到指定压力，保压几分钟使目标产物达到溶液平衡，随后卸压取出物料提取混合液进行料液分离、纯化。利用高压提取技术可提取的有效成分包括脂质类、生物碱、黄酮类、脂溶性的小分子物质、芳香油、苷类等（范丽，2014；姜莉等，2013；梁茂雨等，2007）。

　　本研究对超高压提取东北红豆杉枝叶中紫杉醇的提取工艺进行初步的机制探究，提取过程的实质是实现有效成分从植物细胞的内部扩散至提取溶液中的非稳态非平衡传质过程。提取过程中主要分为 3 步：①天然植物基质内部提取溶剂的渗透；②天然植物中有效物质的溶解；③有效物质从天然植物内部扩散至提取溶液中。超高压提取技术能够快速获取目标产物，减少杂质的溶出，主要的机制是超高压改变了基质物料的组织结构，减小有效成分向提取溶液扩散的阻力，超高压力差是目标物质扩散的传质动力（裴子剑和张裕中，2006；代元忠等，2004）。超高压处理东北红豆杉枝叶的过程中存在一系列的生理生化反应。植物组织的细胞壁是保护细胞整体的重要屏障，主要由纤维素和半纤维素组成，细胞基质内目标成分的溶出与细胞壁的结构完整性十分相关，而木质素是以酚类物质为前体经过一系列的催化过程所形成，高压处理后纤维素、半纤维素和木质素的含量发生一定的变化。因此，探讨高压提取前后红豆杉枝叶中的生理生化变化机制具有重要的意义。

6.1　高压对红豆杉叶片的作用

6.1.1　植物细胞基本结构分析

　　成熟的植物细胞亚显微结构模式如图 6.1 所示，最外层的保护组织为细胞壁，是一层透明状态的薄壁，在细胞中起到保护和支撑的作用；细胞膜是一层紧贴细胞壁的极其薄的膜，它起到了保护细胞的作用，还具有控制物质进出细胞的功能，使有益物质不会轻易渗出细胞、有害物质不会任意进入细胞；在细胞的中央位置是一个大液泡，液泡内存在多种有效物质；围绕在液泡周围的透明浆状物质是细胞质，在细胞生命活动最旺盛时期，可见细胞质在细胞内缓缓流动，这种现象可以促进细胞内部与外界进行物质交换；细胞核呈圆球状，悬浮于细胞质中，细胞核内含有遗传物质；叶绿体绿色，椭圆形，在细胞中数目达数十至数百个；还有其他体积较小的线粒体，以及各种形状存在的有膜或者无膜的细胞器。植物细胞与动物细胞的区别在于前者具有大液泡、叶绿体和细胞壁，而后者无。

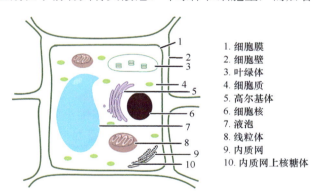

1. 细胞膜
2. 细胞壁
3. 叶绿体
4. 细胞质
5. 高尔基体
6. 细胞核
7. 液泡
8. 线粒体
9. 内质网
10. 内质网上核糖体

图 6.1　植物细胞亚显微结构模式图

6.1.2　超高压提取过程中细胞显微结构的变化

　　植物细胞和所有细胞器都含有双膜结构和单膜结构。与单层细胞膜相比，双层细胞膜具有更强的机械强度，因此具有双层膜的细胞器比具有单层膜的细胞器有更强的压力耐受性；同理，细胞核膜、线粒体膜与质体膜具有双膜结构，对压力具有更好的耐受性，在施加压力的过程中，细胞核、线粒体和质体的结构就不会被轻易破坏。液泡膜与原生质膜为单层膜，它们对压力的承受性较弱，在施加压力的过程中，结构比较容易被破坏，内容物更容易释放出来，从而被提取溶剂所获取。液泡是植物细胞特有的细胞器之一，外层由液泡膜所包围，内部充满了物质丰富的细胞液，其中含有各种代谢物质，包括生物碱、糖类、盐、生物酶等多种有效物质。

在超高压的作用下，植物细胞中的细胞器因其膜的不同，对压力的耐受性也不一样。例如，液泡的单层膜与叶绿体的双层膜结构存在着差异，在高压处理后，产生的结果很有可能为液泡膜被破坏而叶绿体的膜未被破坏，液泡中的各种有效成分被释放出来，而叶绿素没有被获取。因此，在植物提取的过程中，为了获取目标产物，不仅要考虑提取溶剂的性质和种类、物料的种类、物料的颗粒大小、固液比等外在因素，更要考虑提取压力的大小、不同种类的中草药中细胞的区别，依据不同情况施加不同的压力，以达到最佳的提取效果。

对于膜的压力破坏是一个复杂的过程，它依赖膜的结构与环境，取决于提取的压力范围、提取时间和提取溶剂的选择，将这几种因素控制好，就可以控制提取液中各种成分的含量。研究表明，植物细胞在一定压力下会影响其细胞膜的稳定性和渗透性，将超高压技术利用在植物有效成分的提取上，使植物细胞的结构发生多种变化，目标产物被提取至提取溶剂中。传统的提取方法耗时长、提取率较低，而将高压技术应用于植物提取中，不仅提高了有效物质的提取率，同时也缩短了工作时间。

6.1.3　水浸处理前后物料表征

东北红豆杉枝叶的干燥粉末在扫描电子显微镜下观察到的形态如图 6.2A 所示，原始物料中的细胞形态呈现出多边形，轮廓明显，表面出现的蜡质多呈颗粒状，分布均匀，非列紧实，在叶片的表面包含许多细小的杂质，未见孔洞结构。物料经过纯水浸泡 12 h，经过干燥处理后在扫描电子显微镜下的结构如图 6.2B 所示，叶片的基本形态没有变化，细胞的轮廓明显，叶片的表面蜡质大部分呈现不规则的片状，伴有大小不一的颗粒，叶片整体呈现出蓬松的状态，并且在叶片中有孔洞出现，这一现象说明经过纯水浸泡后的物料疏松多孔，叶片软化，细胞膨胀，

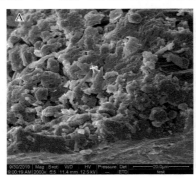

图 6.2　水浸处理前后扫描电子显微镜图像

A. 原始物料；B. 纯水浸泡 12 h 后的物料

叶片细胞中的有效成分通过中空结构输送至提取溶剂中，作为高压提取前期的处理方法而言，物料的充分浸泡处理是十分必要的，因为充分浸泡处理使得叶片的毛孔充分打开，并且让叶片整体结构变得蓬松，这样更有利于高压作用下提取溶剂的渗入，同时也利于目标产物通过中空孔道输出，更加有效地获取有效物质。

6.1.4　不同溶剂高压提取后物料表征

精确称取 1 g 干燥的红豆杉枝叶粉末，用常规的提取溶剂［乙醇（70%）、超纯水、质量分数为 1.4% 的 HREOA 水溶液］分别浸泡物料 12 h，经过高压提取装置的处理，提取压力为 100 MPa，保压时间为 5 min，提取一次。将提取后得到的提取液以 5000 r/min 离心 10 min，离心分离滤液和滤渣，将滤渣置于–40℃冰箱预冷冻 4 h，之后置于–70℃的环境下通过冷冻干燥技术获得冻干粉。将不同溶剂提取后的物料冻干粉样品进行扫描电子显微镜分析，观察样品的浸泡、高压提取后的结构形态变化。

红豆杉枝叶细胞的细微结构如图 6.3 所示。以纯水为提取溶剂，对经过高压提取后的物料（图 6.3A）结构与原始干燥物料（图 6.3B）细微结构进行比较，叶片表面呈现疏松多孔状，叶肉被空化腐蚀，叶片结构呈絮状的破碎形态，叶片孔洞中的颗粒物膨胀明显可见，叶片表面无颗粒状的杂质，这一现象说明了物料在高压的作用下，利用提取溶剂在物料内部和外部产生的压力差，使提取液及物料通过狭窄的缝隙时受到强大的剪切力、撞击力和湍流作用，同时因静压力的突升与突降而产生的空穴爆炸力等，使细胞内的有效物质溶出更多。为了进一步验证不同提取溶剂对物料结构产生的影响，我们选用了经过前期优化的 1.4% HREOA 胶束水溶液作为高压提取溶剂，提取后的物料细微结构如图 6.3D 所示，将东北红豆杉枝叶粉末经过 1.4% HREOA 水溶液充分浸泡后高压处理，叶片的叶脉显著，大部分细胞破裂，物料中形成多数孔洞，细胞壁呈现破碎状态而不再完整，大部分的细胞轮廓模糊不清，孔洞中的大部分物质溶出，与纯水作为高压提取溶剂相比较，物料中颗粒状的有效物质含量大大减少，因此以 1.4%HREOA 水溶液作为高压提取溶剂相对于水而言，具有更好的提取效果，更具有提取的优势。这一结果提示，高压作用可以使植物细胞发生一定程度的破坏，使叶片的表面组织损伤，提取溶剂更容易进入细胞基质内部，从而使细胞内的有效成分溶出。但是不同的提取溶剂所达到的目标产物提取效果是不同的，由扫描电镜图的结果可知，1.4% HREOA 水溶液作为提取溶剂要比纯水作为提取溶剂效果好，HREOA 胶束水溶液对于植物细胞的穿透力更强，并且可以溶解多数的脂溶性有效成分。70% 乙醇作为高压提取溶剂的提取后物料扫描电镜图如图 6.3C 所示，叶片中细胞壁呈现严重程度的破坏，叶片的表面呈现疏松多孔状，细胞轮廓已不清晰，叶片表面肉质大部分被破坏，从而使细胞内的目标物质能够更好地溶入提取溶液中，在叶片的孔洞中观察到的一部分颗粒物也消失不见。因此，以 70% 乙醇作为提取溶剂也获得了很好的提取效果，但是乙醇提取所获得的脂溶性杂质多，且有机溶剂不环保。由此可见，HREOA 胶束水溶液是一种天然、无污染、成本低廉、提取效果极佳的绿色提取溶剂。

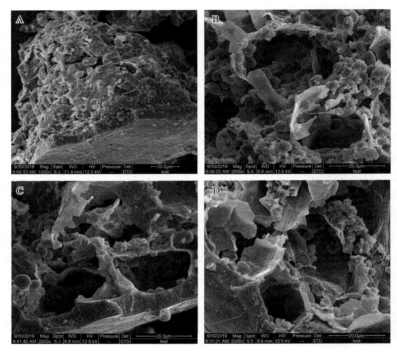

图 6.3 不同溶剂高压提取后扫描电子显微镜图像
A. 原始物料；B. 纯水高压提取后物料表征；C. 70% 乙醇高压提取后物料表征；
D. 1.4% HREOA 水溶液高压提取后物料表征

6.1.5 不同提取压力提取后物料表征

为了证明不同提取压力对于物料结构影响，称取干燥的红豆杉枝叶粉末 1 g，于 1.4% HREOA 水溶液中浸泡 12 h，分别在 50 MPa、100 MPa、200 MPa、300 MPa 压力下进行高压提取，保压时间为 5 min，提取次数为 1 次。将提取液以 5000 r/min 离心 10 min，分离滤液和滤渣，将滤渣置于 –40℃冰箱预冷冻 4 h，之后置于 –70℃ 的环境下通过冷冻干燥技术获得冻干粉。将不同溶剂提取后的物料冻干粉样品进行扫描电子显微镜分析，观察样品高压提取后的结构形态变化。

对提取压力分别为 50 MPa、100 MPa、200 MPa、300 MPa 的提取后物料结构进行扫描电子显微镜观察，结果如图 6.4 所示。物料与 1.4% HREOA 水溶液提取溶剂充分浸泡、渗透后，在 50 MPa 下提取后的形态如图 6.4A 所示。由于提取溶液在细胞内与细胞外出现的渗透压差及浓度差，使一部分有效成分向提取溶剂中转移，物料中呈现多数大小均匀的孔洞，以便把物料中的有效成分置换到提取溶液中并得以获取。当提取压力为 100 MPa 时，提取后的物料显微结构如图 6.4B 所示，由图可知，物料结构受到高度破坏，叶片表面蜡质呈现不规则的片状，物料中的孔洞出现增大的趋势，这一现象说明了，提高提取压力会改变叶片内部的结构，压力增大，植物细胞出现破损的程度也随之增加，当植物细胞受到外在压力的时候，细胞内原有的动态平衡被打破，致使细胞内部的有效成分扩散至提取液中，而提高提取的压力则会加快细胞内有效成分向外界溶出的速度，说明经过高压处理后，不但将叶片表面的蜡质清洗干净，而且使叶片表面的肉质遭到一定程度的损坏，细胞破裂，细胞高度损伤，大大提高了目标成分的提取效果。当压力提高至 200 MPa 和 300 MPa 时，物料的显微结构如图 6.4C 和图 6.4D 所示，随着压力的继续提高，叶片表面的破损程度与之前相比没有明显差别，并且叶片表面的孔洞也没有变大，这一现象说明，一定的提取压力下即可以达到突出的提取效果，继续增加提取压力对于提取效果的提高不是特别明显，当提取压力到达 100 MPa 左右时，即可以达到很好的提取效果。

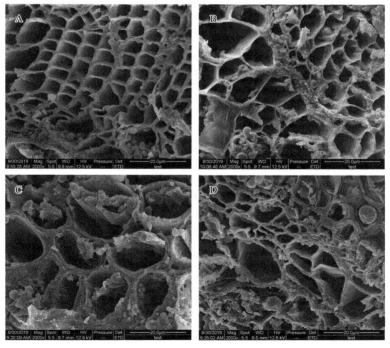

图 6.4　不同提取压力提取后物料的扫描电子显微镜图像

A. 50 MPa；B. 100 MPa；C. 200 MPa；D. 300 MPa

6.2　超高压对红豆杉叶片中纤维素、半纤维素、木质素含量的影响

6.2.1　红豆杉叶片中纤维素含量的测定

使用蒽酮比色法（薛惠琴等，2001）检测超高压提取前后物料中纤维素的含量。检测原理为：纤维素是葡萄糖基组成的多糖，在加热和酸性的条件下，其可被水解成葡萄糖，随后在浓硫酸的作用下，使单糖脱水产生糠醛类物质，糠醛类化合物与蒽酮试剂混合后，可以产生蓝绿色的显色现象，利用这一性质可以对红豆杉枝叶中纤维素的含量加以计算，具体实验步骤如下。

绘制纤维素标准曲线：精密称取纤维素标准品 100 mg，放置于 100 mL 容量瓶中，将容量瓶置于冰水浴中保持低温环境，向其中加入 60 mL 的 60% 硫酸溶液，在低温环境下消化 30 min，然后向其中补充 60% 硫酸溶液至刻度线，充分振荡摇匀。吸取 5 mL 定容后的溶液，重新加入一个新的 50 mL 容量瓶中，将容量瓶放置冰水浴中保持低温环境，加入超纯水至刻度线，最后得到浓度为 100 μg/mL 的纤维素母液。吸取纤维素母液，精确配制为浓度 0 μg/mL、20 μg/mL、40 μg/mL、60 μg/mL、80 μg/mL、100 μg/mL 的标准样。精确吸取 2 mL 的标准品溶液，放置于 10 mL 的试管中，向其中加入 0.5 mL 的 2% 蒽酮试剂，将试管置于冰水浴中，缓慢地沿着试管内壁加入 5 mL 的浓硫酸，充分摇匀后，静置 15 min，使用分光光度计分别测试样品在 620 nm 波长下的吸光度，绘制成纤维素标准曲线，如图 6.5 所示。

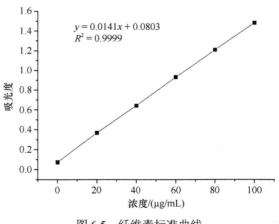

图 6.5　纤维素标准曲线

样品测定方法：准确称取干燥的红豆杉枝叶物料粉末或者经过高压提取后干

燥的滤渣样品 100 mg, 放入 100 mL 容量瓶中, 在低温条件下加入 60% 硫酸溶液 60 mL, 消化处理 30 min 后, 用 60% 硫酸溶液补充至刻度线, 摇匀, 取出 5 mL 溶液置于 50 mL 容量瓶里, 纯水稀释至刻度线, 吸取 2 mL 置于 10 mL 试管内, 加入 2% 蒽酮试剂 0.5 mL, 再加入 5 mL 的浓硫酸充分摇匀, 反应 15 min 后在紫外分光光度计 620 nm 波长下测定吸光度。

$$Y = \frac{X \times 10^{-6} \times A \times 100}{W} \tag{6-1}$$

式中, X 为标曲中纤维素含量 (μg); 10^{-6} 为 μg 换算为 g 的系数; A 为样品稀释倍数; W 为样品重 (g); Y 为样品中纤维素含量 (%)。

6.2.2　红豆杉叶片中半纤维素含量的测定

精密称取 0.2 g 干燥的东北红豆杉枝叶粉末或者经过高压提取处理后干燥的滤渣, 放置于烧杯中, 向其中加入 80% 的硝酸钙溶液 15 mL, 将整个体系置于电热套中加热至沸腾, 保持沸腾状态 5 min 后, 采用分步离心的方式, 以 5000 r/min 的速度离心 5 min, 分别用 10 mL 的热水洗涤沉淀物 3 次, 向沉淀物中加入 10 mL 浓度为 2 mol/L 的盐酸溶液, 充分摇匀, 置于沸水浴中处理 45 min, 待稍微冷却后, 以 5000 r/min 的速度离心 5 min, 沉淀物用 10 mL 蒸馏水洗涤 3 次, 洗涤后的水溶液收集至离心液中, 向其中加入一滴酚酞, 使用浓度为 2 mol/L 的氢氧化钠溶液中和至橙红色, 将其转移至 100 mL 的容量瓶中, 加入蒸馏水稀释至刻度线。使用干燥的滤纸将上述溶液过滤至干燥的烧杯中, 精密吸取 10 mL 滤液, 与 10 mL 的碱性铜试剂混合于烧杯中, 置于沸水浴中反应 15 min, 待其冷却, 向其中加入草酸-硫酸混合液 5 mL, 再加入 0.5% 淀粉溶液 0.5 mL, 使用浓度为 0.01 mol/L 的硫代硫酸钠溶液滴定至蓝色消失。取 10 mL 的碱性铜试剂, 加入草酸-硫酸混合液 5 mL 充分混匀, 再加入 10 mL 滤液和 0.5 mL 的 0.5% 淀粉溶液, 使用浓度为 0.01 mol/L 的硫代硫酸钠溶液滴定至蓝色消失。样品中半纤维素的含量公式如下:

$$X = \frac{0.9 \times 10^{-3} \times [248 - (a-b)] \times (a-b)}{n} \tag{6-2}$$

式中, X 为半纤维素的百分含量 (%); 0.9 为固定系数; a 为硫代硫酸钠第一次滴定所用体积 (mL); b 为硫代硫酸钠第二次滴定所用体积 (mL); n 为样品的重量 (g)。

6.2.3　红豆杉叶片中木质素含量的测定

红豆杉枝叶中木质素含量的测定方法采用 Klason 法 (陈为健等, 2002) 计算。Klason 法即硫酸法, 是一种直接的测定手段, 其原理为: 利用浓硫酸水解样品中的非木质素部分，其余部分即为木质素。具体操作方法如下：精确称取干燥的物料粉末 1 g，用干燥的滤纸包裹放置于索式抽提器中，向其中加入苯：乙醇（2∶1，V/V）的混合液抽提 6 h，将抽提后的物料进行烘干处理。将烘干后的物料转移至具有塞子的锥形瓶内，加入 15 mL 的 75% 硫酸，在 25℃温度下反应 3 h，目的是使纤维部分水解为多糖或者单糖，向其中加入蒸馏水稀释硫酸浓度至 5%，再进行煮沸回流 5 h，进一步使多糖成分水解为单糖，静置冷却后抽滤，多次洗涤滤渣至中性，然后将滤纸与滤渣一同转移到恒重干锅内，在 105℃烘箱内烘干至恒重，即得木质素成分。最后将上述得到的木质素置于马弗炉内，600℃高温灼烧灰化并称重。样品中木质素的含量公式如下：

$$F = \frac{[(G_1 - G) - G_2] \times 100}{G_3 \times (100 - W)} \times 100 \tag{6-3}$$

式中，F 为木质素的百分含量（%）；G 为滤纸的重量（g）；G_1 为烘干后的滤纸同滤渣总重（g）；G_2 为风干试样重（g）；G_3 为灰分重（g）；W 为试样水分（%）。

以 1.4% HREOA 水溶液作为提取溶剂，经过 100 MPa 的高压提取 5 min 后，对东北红豆杉的枝叶中纤维素、半纤维素、木质素的含量进行测定，然后与原始的未处理物料进行对比分析，初步判定了红豆杉枝叶的结构变化情况。实验测定的结果如图 6.6 所示。对原始物料的检测结果为：纤维素含量 14.47%，半纤维素含量 8.76%，木质素含量 5.45%。

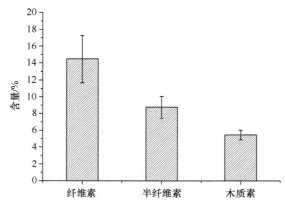

图 6.6　原始物料中纤维素、半纤维素、木质素含量

对高压提取后的物料中纤维素、半纤维素、木质素含量进行测定，结果如图 6.7 所示。结果显示：纤维素含量 13.96%，半纤维素含量 8.04%，木质素含量 4.96%。对比高压提取前后物料中的三大素含量，发现经过高压处理后的物料中纤维素、半纤维素及木质素的含量均有下降的趋势，高压提取法对纤维素起到了一定的降解作用，并且对半纤维素有一定的水解效果。木质素主要来自植物的次生代谢产

物，其与纤维素、半纤维素共同组成了植物的骨架，高压处理后木质素的含量有所减少，说明高压处理有效地抑制了木质素的生成，进一步达到降解的效果。由此得出结论：利用高压提取法可以使植物细胞结构发生变化，使得植物细胞表面遭受一定程度的破坏，促使有效物质从细胞基质内部扩散出来，达到理想的提取效果。

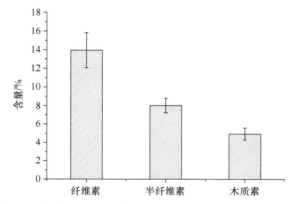

图 6.7 高压提取后物料中纤维素、半纤维素、木质素含量

第三篇

口服型紫杉醇递送体系构建

第7章 多孔淀粉基紫杉醇口服给药体系的制备

紫杉醇是一种对乳腺癌、卵巢癌及肺癌等具有很好疗效的天然抗癌药物，但是由于水溶性差、生物利用度低，限制了其在临床上的应用。多孔淀粉作为一种改性淀粉，含有大量微米大小的孔，良好的吸附性能使得多孔淀粉具有很好的载药能力，而且可以明显提高加载到多孔淀粉孔隙中的难溶性药物的生物利用度（吴超，2012；Ansari et al.，2011）。此外，根据以往研究结果发现，改变多孔淀粉中不溶性药物负载形式后，对生物利用度的提高有很大的影响（Zhang et al.，2013）。因此，我们提出了以下假设：如果将紫杉醇以纳米粒的形式负载到多孔淀粉中，是否会与多孔淀粉直接吸附紫杉醇产生不同的理化性质或生物利用效果。反溶剂沉淀法是制备纳米粒的一种成熟而简单的方法（Owiti et al.，2018）。理论上来讲，如果以吸附紫杉醇溶液的多孔淀粉为溶剂相，加入到反溶剂相中，纳米粒可能会在多孔淀粉的孔隙中沉淀，随着纳米粒的形成，紫杉醇可以负载到多孔淀粉中。为了考察不同负载形式对多孔淀粉中紫杉醇理化性质的影响，本章研究中选择多孔淀粉作为药物载体，分别以分子形式和纳米粒形式将紫杉醇负载到多孔淀粉中，并对多孔淀粉中两种不同负载形式的紫杉醇进行了理化性质表征和对比。

7.1 多孔淀粉负载紫杉醇工艺研究

7.1.1 多孔淀粉直接吸附紫杉醇及工艺参数选择

将紫杉醇配制成一定浓度的溶液备用，准确称取一定质量的多孔淀粉，在常温下使用磁力搅拌器搅拌并将多孔淀粉加到紫杉醇溶液中，持续搅拌一定时间后，离心分离沉淀和上清液，将沉淀烘干即为直接吸附法制备得到的多孔淀粉负载紫杉醇（PPS），具体工艺流程如图 7.1 所示。在多孔淀粉吸附紫杉醇的过程中，紫杉醇溶液浓度、紫杉醇与多孔淀粉质量比、吸附时间都是影响载药量的主要实验参数。

1. 吸附时间对载药量的影响

固定紫杉醇溶液浓度为 30 mg/mL、紫杉醇与多孔淀粉质量比为 1∶4 时，考察吸附时间从 2.5 min 增加到 60 min，PPS 中紫杉醇的载药量及包封率的变化趋势。如图 7.2 所示，在吸附时间从 2.5 min 增加到 30 min 时，随着吸附时间的增加，

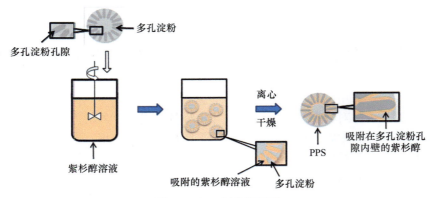

图 7.1　PPS 制备流程图

PPS 中紫杉醇的载药量及包封率都有明显的增长趋势，当吸附时间达到 30 min 时，PPS 中紫杉醇的载药量达到 9.64%、包封率达到 42.67%。之后随着吸附时间的增加，载药量及包封率没有明显变化，直到吸附时间增加到 60 min 时，PPS 中紫杉醇的载药量为 9.82%、包封率为 43.56%，这说明采用直接吸附法制备 PPS 时，30 min 即可以基本达到平衡，故吸附时间最优值为 30 min。

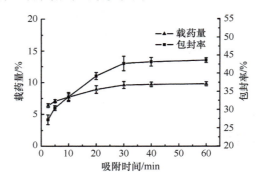

图 7.2　吸附时间对 PPS 载药量和包封率的影响

2. 紫杉醇溶液浓度对载药量的影响

固定吸附时间为 30 min、紫杉醇与多孔淀粉质量比为 1 : 4 时，考察紫杉醇溶液浓度的变化对 PPS 中紫杉醇载药量和包封率的影响。结果如图 7.3 所示，随着紫杉醇溶液浓度从 10 mg/mL 增加到 50 mg/mL，PPS 中紫杉醇的载药量呈增长趋势；紫杉醇浓度从 10 mg/mL 提高到 30 mg/mL，PPS 中紫杉醇的包封率呈下降趋势；紫杉醇浓度从 30 mg/mL 提高到 50 mg/mL，PPS 中紫杉醇的包封率基本稳定。为了尽可能提高载药量，紫杉醇溶液浓度最优值为 50 mg/mL。

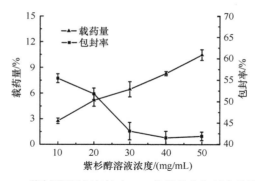

图 7.3　紫杉醇溶液浓度对 PPS 载药量和包封率的影响

3. 质量比对载药量的影响

固定吸附时间为 30 min、紫杉醇溶液浓度为 50 mg/mL 时，考察紫杉醇与多孔淀粉质量比对 PPS 中紫杉醇的载药量和包封率的影响。由图 7.4 可以看出，随着多孔淀粉加入的质量逐渐增多，PPS 中紫杉醇的载药量逐渐降低，包封率逐渐增加。这可能是因为在吸附时间和紫杉醇浓度固定时，多孔淀粉加入量越多，可吸附紫杉醇溶液的体积越多，PPS 中紫杉醇的包封率也随之增高；但随着多孔淀粉加入量的增多，每个多孔淀粉颗粒与紫杉醇分子碰撞结合的概率也会随之降低，从而导致 PPS 中紫杉醇的载药量降低。从图 7.4 中可以看出，当紫杉醇与多孔淀粉质量比从 1∶1 变化到 1∶4 时，PPS 中紫杉醇的载药量在持续降低，但包封率增加较明显；当质量比从 1∶4 变化到 1∶7 时，PPS 中紫杉醇的载药量降低依旧显著，但包封率上升幅度开始减缓。综合考虑载药量和包封率，在质量比为 1∶4 时，PPS 的载药量为 9.94%、包封率为 44.15%，是比较合适的取值，因此 PPS 制备工艺中，紫杉醇与多孔淀粉质量比最优值选择 1∶4。

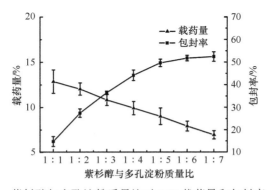

图 7.4　紫杉醇与多孔淀粉质量比对 PPS 载药量和包封率的影响

7.1.2　多孔淀粉吸附紫杉醇纳米粒

为了考察不同负载形式对多孔淀粉中紫杉醇各方面性质的影响，本研究在直接吸附法制备多孔淀粉负载紫杉醇工艺的基础上结合了反溶剂重结晶技术，制备了多孔淀粉负载紫杉醇纳米粒（PNPS）。

1. 多孔淀粉负载紫杉醇纳米粒的制备

按照 PPS 制备工艺中紫杉醇浓度最优值配制紫杉醇丙酮溶液，并按照紫杉醇与多孔淀粉最优质量比向溶液中加入多孔淀粉进行充分吸附后，将悬浊液滴加到 10 倍体积的 0.5% 羟丙基甲基纤维素（HPMC）水溶液中，室温下搅拌 5 min，以 5000 r/min 离心 5 min，将沉淀和上清分离后在 40℃下干燥 6 h，即获得反溶剂重结晶法制备的多孔淀粉结合紫杉醇纳米粒（PNPS）。制备工艺流程如图 7.5 所示。

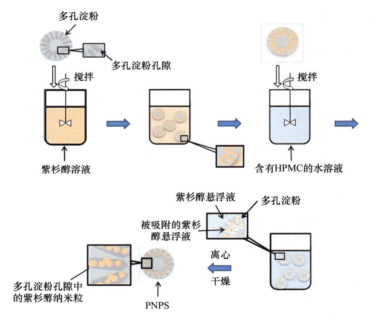

图 7.5　PNPS 制备流程图

2. 反溶剂重结晶法制多孔淀粉负载紫杉醇纳米粒

为了验证 PNPS 与紫杉醇微粒之间的差别，配制一定浓度的紫杉醇溶液，逐滴加到 10 倍体积的 0.5% 羟丙基甲基纤维素水溶液中，并在室温下搅拌 5 min，以 5000 r/min 离心 5 min，沉淀放入 40℃烘箱中干燥 6 h，即获得反溶剂重结晶法制备得到的紫杉醇微粒（PP）。

7.1.3　载药量及包封率的测定

多孔淀粉作为载体负载紫杉醇时，载药量和包封率计算方法如公式（7-1）和公式（7-2）所示（Thu et al.，2015）。

$$DL（\%）= (M_p - V_s \times C_s) / M_t \times 100\% \tag{7-1}$$

$$EE（\%）= (M_p - V_s \times C_s) / M_p \times 100\% \tag{7-2}$$

式中，DL 表示载药量；EE 表示包封率；M_p 表示紫杉醇投药量（mg）；V_s 表示上清液的体积；C_s 表示上清液的浓度；M_t 表示多孔淀粉负载紫杉醇后总质量。

结果如表 7.1 所示。PPS 中紫杉醇的载药量为（9.94±0.31）%，包封率为（44.15±0.67）%。PNPS 中紫杉醇的载药量为（14.13±0.27）%，包封率为（53.77±0.54）%。

表 7.1　PPS 和 PNPS 的包封率及载药量

样品名称	载药量/%	包封率/%
PPS	9.94±0.31	44.15±0.67
PNPS	14.13±0.27	53.77±0.54

7.2　多孔淀粉负载紫杉醇口服给药体系理化表征

7.2.1　形貌观察

采用扫描电子显微镜/X 射线能谱仪（SEM/EDS）观察紫杉醇原药、PP、多孔淀粉、PPS、PNPS 的形貌，并对内壁微区的成分进行分析。扫描电子显微镜的观察结果如图 7.6 所示。从图 7.6A 可以看出，紫杉醇原药主要是以不规则的针状物的形状存在，粒径较大。大部分针状紫杉醇的长度在 10 μm 以上，而且分布很不均匀。图 7.6B 是 PP 的 SEM 图像，由图可以看出，没有多孔淀粉的存在，制备得到的紫杉醇微粒会发生严重的团聚，无法形成粒径小、形貌规整的球形颗粒。从图 7.6C 可以看出，多孔淀粉是接近球体的颗粒，表面有许多微小的孔隙，其放大后的形貌如图 7.6D 所示，多孔淀粉表面的孔洞纵向尺寸比较深，孔径尺寸略有差别，但基本为在 1～2 μm。图 7.6E 是 PPS 的全貌图，图 7.6F 是 PPS 孔隙内部观察图。从图 7.6E 和图 7.6F 可以看出，PPS 的整体和孔隙形貌与多孔淀粉非常相似，这可能是因为 PPS 中的紫杉醇是均匀吸附在多孔淀粉表面及孔隙内壁的，单从形貌观察，无法明确看出多孔淀粉与 PPS 之间的不同。图 7.6G 为 PNPS 全貌观察图，图 7.6H 为 PNPS 孔隙内部观察图。从图 7.6G 和图 7.6H 可以看出，与 PPS 不同的是，

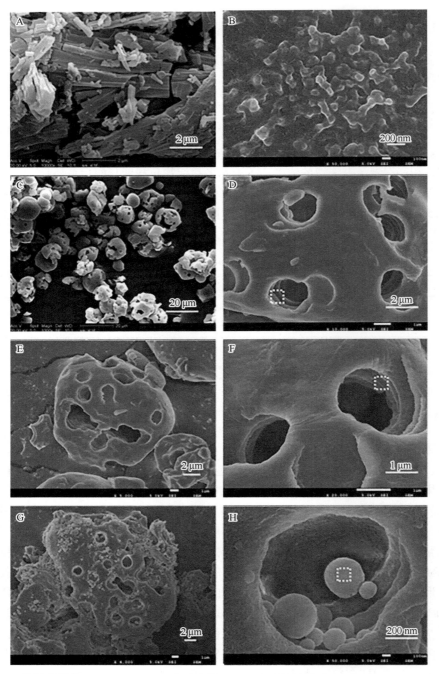

图 7.6　紫杉醇原药（A）、PP（B）、多孔淀粉（C）、多孔淀粉孔隙（D）、PPS（E）、PPS 孔隙（F）、PNPS（G）、PNPS 孔隙（H）形貌观察图

PNPS 有大量尺寸为纳米级别的粒子附着在多孔淀粉表面及孔隙中。这些尺寸在纳米级别的粒子可能是反溶剂重结晶过程中吸附在多孔淀粉表面及孔隙中的紫杉醇溶液遇到含有 HPMC 的水溶液时快速达到紫杉醇的过饱和状态，导致溶液中紫杉醇析出，并在 HPMC 的保护以及多孔淀粉微孔的阻隔下，形成了尺寸较为接近且形貌规整的球状颗粒。值得注意的是，PNPS 中的紫杉醇纳米粒与图 7.6B 中 PP 形貌呈现巨大的差异，紫杉醇在 PNPS 中能很好地形成纳米粒，而紫杉醇微粒出现严重的团聚，这可能是因为在 PNPS 的重结晶或干燥过程中，多孔淀粉狭窄的孔隙以及多孔淀粉与紫杉醇之间存在的分子间氢键阻碍了紫杉醇纳米粒的聚集。

　　EDS 元素分析结果表明，多孔淀粉孔隙内壁所检测的范围内（图 7.6D）含 58.21% 的碳元素和 41.79% 的氧元素。PPS 所检测的范围内（图 7.6F）含有 71.60% 的碳元素和 28.40% 的氧元素。而 PNPS 的检测范围内（图 7.6H）含有 68.20% 的碳元素和 31.80% 的氧元素。图 7.7 显示了多孔淀粉、PPS 和 PNPS 的 EDS 元素分析图。从分子式可以计算出，紫杉醇（$C_{47}H_{51}NO_{14}$）中碳与氧的重量比远高于多孔淀粉

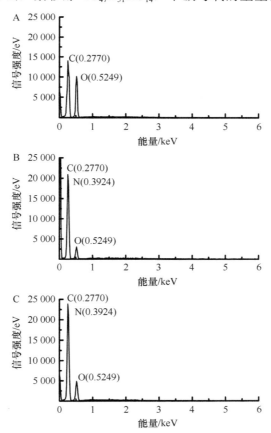

图 7.7　多孔淀粉（A）、PNPS（B）和 PPS（C）的 EDS 元素分析图

$[(C_6H_{10}O_5)_n]$。根据 EDS 元素分析结果，PPS（2.14）和 PNPS（2.52）中的碳氧质量比远高于多孔淀粉中碳氧元素质量比（1.39），这可能就是因为检测区域内有紫杉醇存在导致的，EDS 元素分析结果也进一步为 PPS 和 PNPS 中成功负载紫杉醇这一结论提供了佐证。

7.2.2 比表面积测定

称取 1 g 多孔淀粉、PPS 和 PNPS 样品，首先进行脱气处理，然后进行精准称重，在−196℃下，充分吸附氮气，并采用 BET 法测定各样品的比表面积（俞力月等，2020）。

多孔淀粉吸附紫杉醇和紫杉醇纳米粒前后的比表面积测定结果见表 7.2。从表 7.2 中可以看出，多孔淀粉的比表面积为 5.23 m^2/g，多孔淀粉直接吸附紫杉醇制备的 PPS 的比表面积为 3.59 m^2/g，而多孔淀粉负载紫杉醇纳米粒制备的 PNPS 的比表面积为 3.37 m^2/g，PPS 和 PNPS 的比表面积小于多孔淀粉比表面积，说明在多孔淀粉吸附紫杉醇过程中，由于紫杉醇负载在多孔淀粉内壁上，增加了多孔淀粉颗粒的重量。PNPS 中负载的紫杉醇纳米粒一方面增加了多孔淀粉的重量，另一方面填充了多孔淀粉的孔洞，减小了多孔淀粉颗粒的表面积，所以 PNPS 的比表面积比 PPS 更小。

表 7.2 比表面积测定结果

样品名称	比表面积/(m^2/g)
多孔淀粉	5.23
PPS	3.59
PNPS	3.37

7.2.3 表面化学结构测定

精确称取 2 mg 紫杉醇、多孔淀粉、PPS、PNPS 和紫杉醇与多孔淀粉的物理混合物，每个样品与 200 mg 的 KBr 混合并充分研磨，用 0.8～1 GPa 的压力挤压 8 min，卸压后得到厚度为 0.5 mm 的透明片。FTIR 的检测光谱范围为 400～4000 cm^{-1}，分辨率为 2.0 cm^{-1}。图 7.8 显示了紫杉醇原药、多孔淀粉、PNPS、PPS 和多孔淀粉与紫杉醇的物理混合物的 FTIR 图。从图中可以看出，在多孔淀粉、PNPS 和多孔淀粉与紫杉醇物理混合物的光谱中，在 3419 cm^{-1} 处有一个宽峰，这可能是由于多孔淀粉中存在氢键所形成的氢键峰。与 PNPS、多孔淀粉与紫杉醇物理混合物不同的是，从 PPS 的 FTIR 光谱图可以看出，PPS 中多孔淀粉的氢键峰向低波数移动，在 3391 cm^{-1} 处出现了一个宽峰，而且此峰更宽（细节显示在

图 7.8A 的虚线框中）。这可能是由于 PPS 中在多孔淀粉负载紫杉醇的过程中，紫杉醇与多孔淀粉之间形成了大量的氢键，对多孔淀粉原本的氢键峰的位置及宽度产生了影响。通过比较图 7.8B 虚线框中的吸收峰，发现紫杉醇的 FTIR 图谱中在 1730 cm⁻¹ 和 1711 cm⁻¹ 处有一个小的双峰，多孔淀粉与紫杉醇物理混合物的 FTIR 图谱中在 1719 cm⁻¹ 和 1695 cm⁻¹ 处存在一个小的双峰，这两个小双峰应该是紫杉醇分子酯基中的 C=O 所形成的特征峰，但物理混合物中的紫杉醇受到了多孔淀粉的影响，导致了出峰位置及峰的强度稍有变化。然而，PNPS 和 PPS 在 1722 cm⁻¹ 处都只观察到一个单峰，这可能是由于 PPS 和 PNPS 中的紫杉醇与多孔淀粉之间形成了分子间氢键引起 C=O 化学环境的变化。在多孔淀粉和物理混合物的 FTIR 谱图中，分别在 1008 cm⁻¹ 处观察到一个峰，这是由于多孔淀粉中存在氢键所产生的特征峰。通过观察图 7.8C 虚线框中的细节，我们可以看到多孔淀粉和物理混合物的 FTIR 谱图中 1008 cm⁻¹ 处的峰在 PPS 和 PNPS 的 FTIR 谱图中移动到 1020 cm⁻¹ 处，这可能也是由于 PPS 和 PNPS 中的紫杉醇分子中的羟基与多孔淀粉的羟基之间形成氢键从而引起峰位移。通过对上述红外光谱的分析，我们可以证实在 PPS 和 PNPS 中，紫杉醇和多孔淀粉之间形成了氢键。此外，从图 7.8 可以看出，PPS 的红外图谱与多孔淀粉的红外图谱差异比 PNPS 的红外图谱与多孔淀粉红外图谱间差异更大，这可能是由于 PPS 中紫杉醇与多孔淀粉接触面积更大，形成氢键的概率更大，故对多孔淀粉原有表面化学结构影响更大导致的。

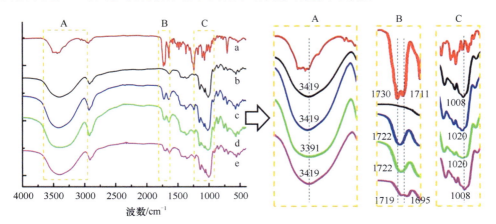

图 7.8　紫杉醇原药（a）、多孔淀粉（b）、PNPS（c）、PPS（d）和多孔淀粉与紫杉醇物理混合物（e）的 FTIR 图谱

7.2.4　结晶度测试

　　图 7.9 是紫杉醇原药、多孔淀粉、PP、PPS、PNPS 和多孔淀粉与紫杉醇物理混合物的 XRD 图谱。从图 7.9 中可以发现，紫杉醇原药的 XRD 图谱中，在

$2\theta=5.54°$、$2\theta=8.91°$ 和 $2\theta=12.29°$ 处有 3 个尖锐的峰，表明紫杉醇原药具有结晶结构，将紫杉醇原药的结晶度定为 100%。在多孔淀粉与紫杉醇物理混合物的 XRD 图谱中也观察到了 $2\theta=5.54°$、$2\theta=8.91°$ 和 $2\theta=12.29°$ 处有 3 个衍射峰。以紫杉醇的最高衍射峰 $2\theta=5.54°$ 处的峰为计算依据，按照公式（7-3）进行结晶度计算，可得多孔淀粉与紫杉醇物理混合物中的紫杉醇结晶度为 99.72%，说明多孔淀粉与紫杉醇物理混合物中的紫杉醇结晶状态同紫杉醇原药基本一样，并不会受到多孔淀粉的影响。然而，PPS、PNPS 和 PP 的 XRD 图谱基本与多孔淀粉的 XRD 图谱一致，完全没有出现 $2\theta=5.54°$、$2\theta=8.91°$ 和 $2\theta=12.29°$ 中任何一处紫杉醇的特征衍射峰，这说明 PPS、PNPS 和 PP 中的紫杉醇呈无定型态。

$$DC = I_m / I_p \times 14.13\%　　　　　　　　　　（7-3）$$

式中，DC 表示多孔淀粉与紫杉醇物理混合物中紫杉醇的结晶度；I_p 表示紫杉醇原药 $2\theta=5.54°$ 处峰强度；I_m 表示多孔淀粉与紫杉醇物理混合物 $2\theta=5.54°$ 处的峰强度；14.13% 为多孔淀粉与紫杉醇物理混合物中紫杉醇的含量。

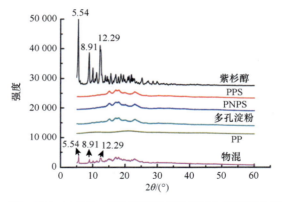

图 7.9　紫杉醇原药、PP、PPS、PNPS、多孔淀粉和多孔淀粉与紫杉醇物理混合物的 XRD 图谱

　　紫杉醇原药、多孔淀粉、PP、PPS、PNPS、多孔淀粉与紫杉醇物理混合物 DSC 曲线如图 7.10 所示。由图 7.10 可以看出，在紫杉醇原药的 DSC 曲线中，在 223.67℃和 243.75℃分别有一个吸热峰和一个放热峰，在多孔淀粉与紫杉醇物理混合物的曲线中也观察到了这两个峰，而在 PP、PPS、PNPS 以及多孔淀粉的 DSC 曲线中并没有出现这两个峰。这一结果与 XRD 测试结果相印证，进一步证明了 PP、PPS、PNPS 中的紫杉醇呈无定型态。

　　结合现有报道，紫杉醇在 PPS 中晶体形式的转变是由于多孔淀粉具有很小的孔隙，而狭窄的空间和氢键的相互作用阻碍了紫杉醇分子在孔隙中转化为结晶状态。检测结果显示 PP 是无定型态的，这可能是由于反溶剂重结晶的过程改变了紫杉醇的晶体形态，变为无定型态，据此可以推断 PNPS 中紫杉醇以无定型态存在主要是由于紫杉醇纳米粒在重结晶过程中晶体形态发生了变化。

由此, PPS 和 PNPS 中紫杉醇的吸附机理可推测如图 7.11 所示。

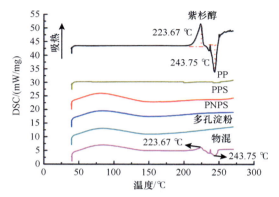

图 7.10 紫杉醇原药、PP、PPS、PNPS、多孔淀粉和多孔淀粉与紫杉醇物理混合物的 DSC 图谱

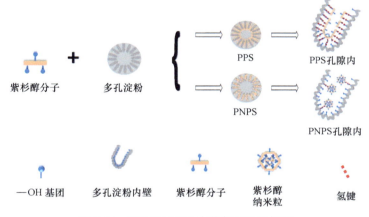

图 7.11 PPS 和 PNPS 中紫杉醇吸附机理

7.2.5 溶剂残留

将 5 mg 丙酮溶于 1 g 二甲基亚砜中, 配制含量为 0.5% 的丙酮溶液作为对照样品。分别用 1 g 的二甲基亚砜分散 1 g 的 PPS 和 PNPS, 超声 30 min 后 8000 r/min 离心 5 min, 取上清备用。丙酮的气相色谱分析条件如下: 加热箱温度最初在 40℃ 保持 5 min, 然后以 20℃/min 的速率升高到 220℃, 最后保持 2 min。以氮气为载体气体, 流速为 30 mL/min。氢气和空气流速分别为 40 mL/min 和 400 mL/min, 每个样品取 1 μL 注入进样口, 分流比设置为 25∶1 (Lee et al., 2016)。

根据 2015 版《中华人民共和国药典》(简称《中国药典》)规定, 丙酮属于

Ⅲ类溶剂，其残留量须小于 0.5%。图 7.12A 为 0.5% 丙酮 DMSO 溶液的气相色谱图。图 7.12B 和图 7.12C 分别显示了浓度为 1 g/g 的 PPS 和浓度为 1 g/g 的 PNPS 的 DMSO 溶液的气相色谱图。如图 7.12 所示，丙酮和 DMSO 的出峰时间分别为 2.75 min 和 7.94 min。值得强调的是，3.09 min 处的峰是 DMSO 中的杂质峰，对测试结果没有影响。根据计算结果，在 PNPS 和 PPS 中，丙酮的残留量分别为 0.015% 和 0.024%。结果表明，PPS 和 PNPS 中残留的丙酮远小于《中国药典》对Ⅲ类溶剂的要求极限。

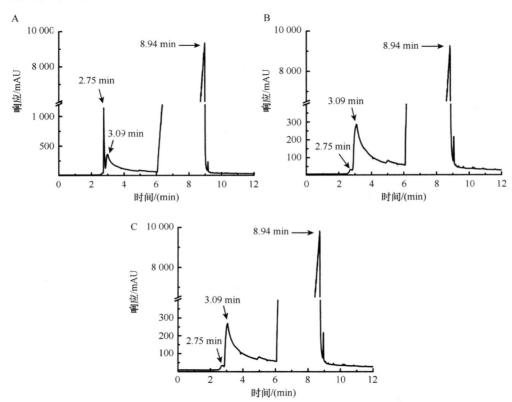

图 7.12　0.5% 丙酮的 DMSO 溶液（A）、PPS 的 DMSO 溶液（B）和 PNPS 的 DMSO 溶液（C）气相色谱图

第 8 章　多孔淀粉基紫杉醇口服给药体系的体外评价

根据以往报道，通过多孔淀粉的负载可以显著改善难溶性药物的水溶性（梁艳等，2014）。口服药物时，胃液和肠液是药物主要的分散介质，因此药物在胃液和肠液中的饱和溶解度及溶出速率是考察紫杉醇溶解性的重要指标。本章为了考察多孔淀粉以及不同负载形式对紫杉醇溶解性能的影响，分别测定了紫杉醇原药、PPS 和 PNPS 在去离子水、人工胃液及人工肠液中的饱和溶解度，并测定了紫杉醇原药、PPS 和 PNPS 在人工胃液及人工肠液中的溶出释放曲线。此外，据以往报道，多孔淀粉的负载对药物可以起到保护作用，增强药物稳定性（Katsanos，2016）。本章针对紫杉醇原药、PPS 和 PNPS 在人工消化液中的稳定性进行了考察。

8.1　体外饱和溶解度

准确量取 3.84 mL 的浓盐酸、5 mL 的吐温-80、100 mg 的 α-淀粉酶和 100 mg 糖化酶加入 500 mL 去离子水中，再加入去离子水定容至 1000 mL，用 1 mol/L 的稀盐酸调节酸碱度为 pH 1.5，配制成人工胃液，备用。

准确称取 6.8 g 的磷酸二氢钾、100 mg 的 α-淀粉酶和 100 mg 糖化酶加入 500 mL 的去离子水中，加入 5 mL 吐温-80，再加去离子水稀释定容至 1000 mL，用 1 mol/L 的氢氧化钠调节酸碱度为 pH 7.4，配制成人工肠液，备用。

称取过量的紫杉醇原药、PPS 和 PNPS 分别置于 3 mL 去离子水、人工胃液和人工肠液中，在 37℃下搅拌 48 h。在 10 000 r/min 离心 10 min 后，分离上清，用 0.22 μm 滤膜过滤，适当稀释后，测定紫杉醇原药、PPS 和 PNPS 的饱和溶解度，重复实验 3 次，取平均值，结果如图 8.1 所示（Park et al.，2012）。

图 8.1 中显示了紫杉醇原药、PPS 和 PNPS 在人工胃液、人工肠液和去离子水中的饱和溶解度。由图可以看出，紫杉醇原药在人工胃液、人工肠液和去离子水中的饱和溶解度分别为（12.45±1.37）μg/mL、（16.05±2.63）μg/mL 和（0.49±0.38）μg/mL。PPS 在人工胃液、人工肠液和去离子水中的饱和溶解度分别为（49.11±2.46）μg/mL、（57.37±1.43）μg/mL 和（12.75±1.99）μg/mL，分别是紫杉醇原药的 3.94 倍、3.57 倍和 26.02 倍。此外，PNPS 在人工胃液、人工肠液和去离子水中的饱和溶解度分别为（45.06±1.89）μg/mL、（54.44±1.96）μg/mL 和（11.97±

0.87）µg/mL，分别是紫杉醇原药的 3.61 倍、3.39 倍和 24.42 倍。根据饱和溶解度测试结果可以看出，对比紫杉醇原药，PPS 和 PNPS 中紫杉醇在人工胃液、人工肠液和去离子水中的饱和溶解度均有明显提高，在去离子水中的溶解效果提高得最为显著。虽然与去离子水中饱和溶解度改善的程度相比，PPS 和 PNPS 中紫杉醇在人工胃液和人工肠液中提高倍数减少了很多，但饱和溶解度的提高仍然很显著。人工胃液和人工肠液中的饱和溶解度提高倍数减小可能是由于人工胃液和人工肠液中含有吐温-80，而吐温-80 对紫杉醇原药在体系中的饱和溶解度有一定的提高作用，减小了紫杉醇原药与 PPS 和 PNPS 中紫杉醇溶解度的差距。从以上实验结果可以看出，PPS 和 PNPS 的制备对改善紫杉醇水溶性具有十分显著的作用。PPS 和 PNPS 中紫杉醇在人工胃液、人工肠液和去离子水中的饱和溶解度相近。

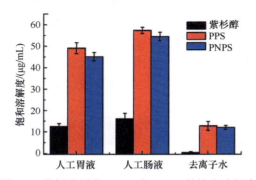

图 8.1 紫杉醇原药、PPS 和 PNPS 的饱和溶解度

8.2 体外释放

8.2.1 人工胃肠液的配制

按《中国药典》，取 3.84 mL 的浓盐酸，5 mL 的吐温-80，加入 800 mL 去离子水、10 g α-淀粉酶，摇匀后，加水稀释至 1000 mL，再将 pH 调至 1.5，即得人工胃液。

取磷酸二氢钾 6.8 g，加水 500 mL 使溶解，用 0.1 mol/L 氢氧化钠溶液调节 pH 至 6.8；取 α-淀粉酶 10 g，加水适量使溶解，将二液混合后，加水稀释至 1000 mL，即得人工肠液。

8.2.2 体外释放结果

在 200 mL 人工胃液中加入紫杉醇原药（2.5 mg）、PPS（其中含有 2.5 mg 紫杉醇）和 PNPS（其中含有 2.5 mg 紫杉醇）。体系温度维持在 37℃，搅拌速度为 100 r/min。分别在溶出的 0.083 h、0.167 h、0.25 h、0.5 h、1 h、2 h、3 h、4 h、6 h、

8 h、12 h 和 24 h 这 12 个时间点取出 1 mL 溶出液，并向溶出体系中加入相同体积的空白人工胃液。将取出的溶出液用 0.22 μm 滤膜过滤，取 10 μL 滤液注入 HPLC 系统的进样口，测定紫杉醇浓度。实验重复 3 次，每个时间点溶出液中紫杉醇浓度以平均值为最终结果，并根据公式（8-1）计算各时间点的累积体外释放量（卫平，2014）。

另取 200 mL 人工肠液，加入紫杉醇原药（2.5 mg）、PPS（其中含有 2.5 mg 紫杉醇）和 PNPS（其中含有 2.5 mg 紫杉醇），分别在 0.083 h、0.167 h、0.25 h、0.5 h、1 h、2 h、3 h、4 h、6 h、8 h、12 h 和 24 h 这 12 个时间点取出 1 mL 溶出液，测定溶出液中紫杉醇释放的浓度并计算溶出累积释放量。每个时间点取样 1 mL，并补充空白人工肠液 1 mL。与人工胃液溶出测试相同，体系温度维持在 37℃，搅拌速度为 100 r/min（卫平，2014）。

$$D = \frac{C_n V_n + V_n \sum_{i-1}^{n-1} C_n}{M} \quad (8-1)$$

式中，D 表示溶出累积释放量（%）；C_n 表示第 n 个时间点取得的样品中紫杉醇浓度；V_n 表示第 n 个时间点取得的样品体积（mL）；M 表示紫杉醇的总投药量。

图 8.2 呈现了紫杉醇原药、PPS 和 PNPS 在人工胃液中的溶出曲线。从图 8.2 可以看出，紫杉醇原药在 0～4 h 体外累积释放量随着时间的增长有明显提高，在 4～24 h 累积释放量的变化趋于平缓。PPS 中紫杉醇在 0～8 h 随着溶出时间的增长累积释放量有明显提高，而 8～24 h 溶出的累积释放量趋于平缓。PNPS 中紫杉醇的溶出曲线与 PPS 稍有不同，0～6 h 为溶出累积释放量主要增长的时间段，6～24 h 累积释放量增长趋于平缓。对比 PPS 与紫杉醇原药可以看出，在人工胃液中溶出的 0～2 h，PPS 中紫杉醇的释放比紫杉醇原药慢一些，在释放 2 h 时紫杉醇原药的累积释放量达到 13.11%，而 PPS 的累积释放量为 12.25%，这可能是因为在溶出前 2 h，PPS 中的多孔淀粉阻碍了人工胃液与紫杉醇的接触，减缓了紫杉醇的释放。而当溶出时间达到 3 h 时，PPS 中紫杉醇的累积释放量（17.73%）开始高于紫杉醇原药（14.58%），到 24 h 时紫杉醇原药累积释放量升高到 20.18%。而 PPS 中的紫杉醇在 24 h 时累积释放量达到了 60.11%。从以上结果可以看出，与前 2 h 不同，在溶出的 3～24 h，PPS 中的紫杉醇溶出量一直高于紫杉醇原药，这可能是由于 PPS 中紫杉醇在人工胃液中的饱和溶解度远高于紫杉醇原药，当紫杉醇原药在人工胃液中接近饱和浓度时，其溶出速率开始减缓，累积释放量的变化逐渐趋于平缓，而此时 PPS 中紫杉醇在溶出介质中的浓度远低于饱和溶解度，因此 PPS 中的紫杉醇可以继续以较高的速率溶出，直到接近其饱和溶解度，溶出累积释放量逐渐趋于平缓。由该结果可以看出，PPS 可以显著提高紫杉醇溶出的最终累积释放量，同时也可以在溶出初期减缓紫杉醇的溶出速率。对比图 8.2 中 PNPS 与紫杉醇

原药的溶出曲线可以看出，与 PPS 不同的是，PNPS 在人工胃液中溶出的累积释放量始终高于紫杉醇原药，且在 24 h 时 PNPS 中紫杉醇的累积释放量达到 67.12%。PNPS 在人工胃液中的溶出行为与 PPS 存在差别，可能 PNPS 中紫杉醇是以纳米粒形式同时负载在多孔淀粉的表面及孔隙中导致的。一方面，PNPS 中多孔淀粉表面的紫杉醇会比较快速地释放到人工胃液中；另一方面，PNPS 中的紫杉醇是以纳米粒形式负载在多孔淀粉孔隙内的，多孔淀粉内壁对紫杉醇纳米粒的吸附力要远小于 PPS 中多孔淀粉对紫杉醇的吸附力，从而导致 PNPS 孔隙中的紫杉醇释放速率也要高于 PPS。

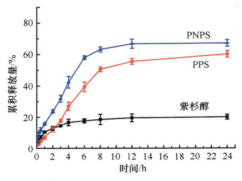

图 8.2　人工胃液中紫杉醇原药、PPS 和 PNPS 溶出曲线

　　图 8.3 是紫杉醇原药、PPS 和 PNPS 在人工肠液中的溶出曲线。对比 PPS 和紫杉醇原药可以看出，在溶出的 10 min 之前，PPS 中紫杉醇的溶出累积释放量低于紫杉醇原药，10 min 时 PPS 中的紫杉醇在人工肠液中累积释放量为 7.51%，紫杉醇原药的累积释放量为 8.04%。从溶出的 15 min 开始至溶出的 6 h，PPS 中紫杉醇的溶出累积释放量快速增加并一直远高于紫杉醇原药。在 PPS 溶出达到 6 h 时累积释放量为 65.83%，紫杉醇原药为 25.70%；6 h 后 PPS 中紫杉醇的累积释放量的变化趋于平缓；至 24 h 时累积释放量达到 70.22%。紫杉醇原药的累积释放量增

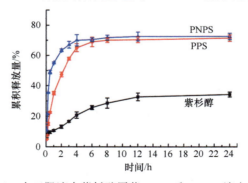

图 8.3　人工肠液中紫杉醇原药、PPS 和 PNPS 溶出曲线

长至 12 h 趋于平缓，至 24 h 时累积释放量为 34.17%。对比图 8.3 中 PNPS 和紫杉醇原药的溶出曲线可以看出，PNPS 中紫杉醇的累积释放量一直远高于紫杉醇原药。0~4 h 是 PNPS 中紫杉醇累积释放量增长的主要阶段，在溶出 4 h 时，PNPS 中紫杉醇的累积释放量增长到 69.99%，之后趋于平缓，至 24 h 时累积释放量达到 72.44%。

饱和溶解度结果显示，PPS 和 PNPS 在人工胃液和人工肠液中的饱和溶解度接近，但对比人工胃液和人工肠液中紫杉醇原药、PNPS 和 PPS 的溶出曲线可以看出，在两种溶出介质中，PNPS 中紫杉醇的累积释放量都高于 PPS，这主要与 PPS 和 PNPS 中紫杉醇负载形式不同有关。PPS 中的紫杉醇主要是以分子形式接触多孔淀粉的内壁及表面，在吸附时，紫杉醇分子与多孔淀粉表面的羟基形成了大量氢键，而氢键的存在使 PPS 中紫杉醇的溶出受到了阻碍。PNPS 中的紫杉醇是以纳米粒形式负载在多孔淀粉表面及内壁的，相比 PPS，PNPS 中紫杉醇纳米粒与多孔淀粉之间的接触面积大大减少，形成氢键的概率也随之减少，从而降低了 PNPS 中紫杉醇在溶出过程中受到的阻碍。

人工肠液中紫杉醇原药、PPS 和 PNPS 的溶出累积释放量和溶出速率都明显高于人工胃液。这种现象可能有两个方面的原因：第一，紫杉醇在 pH 4~8 的介质中可以比较稳定地存在，人工肠液的 pH 为 7.4，紫杉醇在其中稳定性较好，而人工胃液的 pH 为 1.5，该 pH 下紫杉醇会发生一定的降解，从而影响紫杉醇溶出的累积释放量；第二，受 pH 的影响，人工胃液中的 α-淀粉酶和糖化酶的活性会被抑制，在人工胃液中溶出时，稳定存在的多孔淀粉会限制 PPS 和 PNPS 中紫杉醇的释放，而人工肠液中的 α-淀粉酶和糖化酶具有较高的活性，在人工肠液中溶出时，多孔淀粉被分解，导致 PPS 和 PNPS 中吸附的紫杉醇与溶出介质更充分地接触，进而提高了溶出速率和累积释放量。

8.3　体外消化稳定性

8.3.1　菌种的培养

称取 2.5 g 的 Luria-Bertani（LB）培养基，用 100 mL 去离子水溶解，制备大肠杆菌液体培养基。称取 5.5 g 的乳酸杆菌 MRS（de Man，Rogosa and Sharpe）肉汤与 100 mL 去离子水混合制备干酪乳杆菌培养基。配制的培养基置于 121℃高压釜中灭菌 15 min。将在-80℃冷冻的 LB 培养基和 MRS 培养基置于室温下融化，然后加热到 37℃。取 100 mL 灭菌后的大肠杆菌和干酪乳杆菌培养基，并分别向其中加入 1% 的大肠杆菌和干酪乳杆菌。在 37℃下孵育 12 h 进行活化。取 2 mL 活化的大肠杆菌和干酪乳杆菌加入 100 mL 灭菌的液体培养基中，在 37℃下再放置 12 h。孵育后，培养至大肠杆菌和干酪乳杆菌菌落的最终数量为 $10^8 \sim 10^{10}$ CFU/mL（魏丽莎，2014）。

8.3.2 人工体液的配制

人工唾液、人工胃液、人工十二指肠液和人工胆汁的组成成分及含量如表 8.1 所示。使用 1 mol/L 的盐酸溶液或 1 mol/L 的氢氧化钠溶液将配制后的人工唾液调节至 pH 6.8，将配制后的模拟胃液调节至 pH 1.5。此外，本研究中所使用的人工小肠液是由以上人工十二指肠液和模拟胆汁组成，并用 1 mol/L 的盐酸溶液调节至 pH 7.4。本研究所使用的人工大肠液是用浓度为 1 mol/L 的氢氧化钠溶液对以上人工小肠液的酸碱度进行调节，调至 pH 8.4，并将大肠杆菌和干酪乳杆菌加入其中，即得人工大肠液（魏丽莎，2014）。

表 8.1　人工体液成分

	人工唾液	人工胃液	人工十二指肠液	人工胆汁
有机和无机成分	1.7 mL NaCl（175.3 g/L） 8 mL 尿素（25 g/L） 15 mg 尿酸	6.5 mL HCl（37 g/L） 18 mL CaCl$_2$·2H$_2$O （22.2 g/L） 1 g 牛血清白蛋白	6.3 mL KCl（89.6 g/L） 9 mL CaCl$_2$·2H$_2$O（22.2 g/L） 1 g 牛血清白蛋白	68.3 mL NaHCO$_3$（84.7 g/L） 10 mL CaCl$_2$·2H$_2$O（22.2 g/L） 1.8 g 牛血清白蛋白 30 g 胆汁
酶	290 mg α-淀粉酶 25 mg 黏液素	2.5 g 胃蛋白酶 3 g 黏蛋白	9 g 胰酶 1.5 g 脂肪酶	
pH	6.8±0.2	1.50±0.02	8.0±0.2	7.0±0.2

注：所有成分（无机组分、有机组分和酶）混合后，用蒸馏水将体积定容到 500 mL，将模拟体液的 pH 调整到适当的值。

8.3.3 体外消化模拟

根据人体内部环境，实验温度设定为 37℃，口腔、胃、小肠和大肠的转运时间分别设定为 5 min、2 h、2 h 和 4 h。

根据已报道的实验方法，紫杉醇原药、PPS 和 PNPS 在模拟口服过程中消化的稳定性试验的具体步骤如下。

（1）口腔阶段：首先按照紫杉醇含有量为 10 mg 准确称取紫杉醇原药、PPS 和 PNPS 样品，加入 6 mL 模拟唾液中，在温度 37℃下搅拌 5 min。

（2）胃部阶段：准确量取 12 mL 模拟胃液加入完成步骤（1）的混合物中，在温度 37℃下搅拌 2 h。

（3）小肠阶段：将 12 mL 模拟十二指肠液和 6 mL 模拟胆汁加入完成步骤（2）的混合物中，在温度 37℃下搅拌 2 h。

（4）大肠阶段：将 36 mL 大肠杆菌和乳酸菌悬浮液加入完成步骤（3）的混合

物中，在温度 37℃下搅拌 4 h。

分别制备紫杉醇原药、PPS 和 PNPS 经过口腔消化（步骤 1）、胃消化（步骤 1～2）、小肠消化（步骤 1～3）和大肠消化（步骤 1～4）后的反应液，经高速离心后分离上清液和沉淀。上清液过 0.22 μm 的有机滤膜后，取 10 μL 注入 HPLC 测定上清液中的紫杉醇浓度。取沉淀用甲醇溶解并超声，定容至 50 mL，过 0.22 μm 的有机滤膜后，采用 HPLC 法测定并计算沉淀中紫杉醇的质量。按照公式（8-2）计算紫杉醇原药、PPS 和 PNPS 在各个消化阶段的降解率。

$$Rd\ (\%) = 1 - (C_s \times V_s)/(M_t - M_s) \times 100\% \qquad (8\text{-}2)$$

式中，Rd 表示样品中紫杉醇降解率（%）；C_s 表示上清液中紫杉醇浓度（mg/mL）；V_s 表示上清液体积（mL）；M_t 表示初始投入样品中紫杉醇总质量（mg）；M_s 表示沉淀中剩余紫杉醇质量。

图 8.4 中展示了在口腔、胃、小肠和大肠模拟消化后，紫杉醇原药、PPS 和 PNPS 中紫杉醇的降解率。由图 8.4 可以看出，紫杉醇原药在经历口腔、胃、小肠和大肠的模拟消化后，降解掉的紫杉醇分别为溶解至消化液中紫杉醇质量的（1.91±0.77）%、（23.54±1.13）%、（31.11±1.24）% 和（42.13±0.99）%。PPS 中的紫杉醇在经历了口腔、胃、小肠和大肠的模拟消化后，降解掉的紫杉醇分别为溶解至消化液中紫杉醇质量的（1.18±0.81）%、（15.65±1.08）%、（24.49±0.68）% 和（35.97±1.06）%。PNPS 中的紫杉醇在经历了口腔、胃、小肠和大肠的模拟消化后，降解掉的紫杉醇分别为溶解至消化液中紫杉醇质量的（1.35±1.08）%、（17.16±2.11）%、（26.37±1.42）% 和（38.24±2.17）%。从上述结果可以看出，紫杉醇原药、PPS 和 PNPS 在口腔的模拟消化中基本未降解，这可能是因为口腔模拟环境的 pH 为 6.8，在该 pH 下，紫杉醇结构比较稳定，且口腔模拟消化时间较短，没有充分的时间进行反应。在经历胃部模拟消化后，紫杉醇原药、PPS 和 PNPS 开始发生降解，根据以往报道可知，这是因为紫杉醇在模拟胃液的 pH（1.50）下不稳定，易发生降解，且胃部模拟消化时间为 2 h，样品与消化液之间的反应时间充足。紫杉醇原药、PPS 和 PNPS 在模拟胃液中的降解率从高到低的顺序为紫杉醇原药＞PNPS＞PPS，这说明在胃部环境中，多孔淀粉的负载对紫杉醇可以起到一定的保护作用，由于 PPS 和 PNPS 中紫杉醇负载形式的不同，PPS 中紫杉醇与多孔淀粉间的结合力比 PNPS 更强，导致 PPS 中多孔淀粉对紫杉醇产生了更好的保护作用。对比经历口腔、胃部、小肠和大肠模拟消化后各样品中紫杉醇的降解率发现，紫杉醇在小肠和大肠部位的降解率比胃部低，这是因为紫杉醇在小肠（pH 8.0）和大肠（pH 7.0）的环境中比较稳定。此外，结合胃部降解率的检测结果可以看出，紫杉醇原药、PPS 和 PNPS 在小肠和大肠消化阶段降解率比较接近，这可能是由于在小肠（pH 8.0）的环境中 α-淀粉酶具有较高的活性，将 PPS 和 PNPS 中的多孔

淀粉酶解，导致在小肠和大肠消化阶段 PPS 和 PNPS 中的紫杉醇并未受到保护。

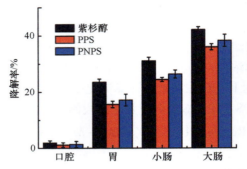

图 8.4　模拟消化后紫杉醇原药、PPS 和 PNPS 的降解率

第9章　多孔淀粉基紫杉醇口服给药体系的药代动力学研究

药代动力学是以分析测试手段为基础，运用数学模型，研究药物及其代谢物体内过程随时间变化规律的一门学科，阐明药物在体内吸收、分布、代谢和排泄的动态变化过程（Erdogan et al.，2018）。对于新药物剂型的质量，药代动力学提供了重要的评价依据。本章通过测定紫杉醇原药、PPS 和 PNPS 在大鼠体内的生物利用度及组织分布，考察了以多孔淀粉作为载体、不同负载形式对紫杉醇的药代动力学的影响。

9.1　生物利用度测定

精密量取每个时间点样品中的 200 μL 血浆，分别加入 1 mL 甲醇-乙腈（1∶1）混合溶液，涡旋 5 min，除去血浆中的蛋白质，超声 20 min，充分提取每个血浆样品中的紫杉醇。为了将血浆中的紫杉醇进行浓缩，将得到的甲醇-乙腈溶液在温和的氮气流动下蒸发干燥，得到残渣，再向残渣中加入 100 μL 甲醇重新分散，涡旋 3 min 后再超声 10 min，残渣被充分溶解后，将残渣的甲醇溶液在 10 000 r/min 下离心 10 min，然后取 10 μL 上清液注入 HPLC 系统中，测定并计算该时间点下的血药浓度（孔蓓，2015）。

给各组大鼠灌服紫杉醇原药、PPS 和 PNPS 后，分别测定给药后的 0.083 h、0.167 h、0.25 h、0.5 h、1 h、2 h、3 h、4 h、6 h、8 h、12 h 和 24 h 大鼠血浆内紫杉醇的药物浓度，并绘制血浆中血药浓度-时间曲线，结果如图 9.1 所示。从图 9.1 可以看出，在给大鼠灌服紫杉醇原药、PPS 和 PNPS 后，大鼠体内紫杉醇的血药浓度在 1 h 时达到最高峰。紫杉醇原药在大鼠体内血药浓度最高值为 65.76 ng/mL，PPS 血药浓度最高值为 303.33 ng/mL，PNPS 血药浓度最高值为 634.90 ng/mL，PPS 和 PNPS 都明显提高了紫杉醇在大鼠体内的血药浓度。对比 PNPS，PPS 血药浓度最高值稍低一些，这可能是由于 PPS 中的多孔淀粉对紫杉醇的结合力比较强，当紫杉醇在大鼠体内释放时存在一定的限制作用。而 PNPS 中的紫杉醇以纳米粒形式负载在多孔淀粉上，两者之间的结合力相对小了很多，可以使 PNPS 中的紫杉醇更顺利地被吸收到大鼠的血液中。

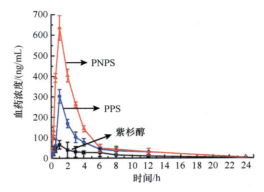

图 9.1 紫杉醇原药、PPS 和 PNPS 在大鼠体内的血药浓度-时间曲线图

为了对紫杉醇原药、PPS 和 PNPS 的生物利用度结果进行更为详尽的分析，采用 DAS 2.0 软件对生物利用度数据进行药代动力学分析。紫杉醇原药、PPS 和 PNPS 的药代动力学参数如表 9.1～表 9.3 所示。紫杉醇原药符合权重系数 $w=1/cc$ 的一室模型，PPS 符合权重系数 $w=1/cc$ 的一室模型，PNPS 符合权重系数 $w=1/cc$ 的二室模型。紫杉醇原药、PPS 和 PNPS 的 AUC 值分别为 366.791 ng/(L·h)、1079.903 ng/(L·h) 和 1985.931 ng/(L·h)，PPS 和 PNPS 的 AUC 值分别是紫杉醇原药的 2.94 倍和 5.42 倍。结合饱和溶解度和体外溶出结果，生物利用度的提高主要是由于 PPS 和 PNPS 在大鼠胃肠液中的溶出量高于紫杉醇原药，可以更好地被大鼠的胃肠吸收进入血液。此外，根据药代动力学参数计算结果可以看出，紫杉醇的消除半衰期为 6.582 h，PPS 的消除半衰期为 9.323 h，PNPS 的消除半衰期为 9.144 h。对比紫杉醇原药，PPS 和 PNPS 的消除半衰期均有所增加，增长了给药的间隔时间，这可以减少频繁给药对生物体造成的伤害。

表 9.1 紫杉醇原药药代动力学参数

房室参数	单位	参数值
$t_{1/2\alpha}$	h	0.433
$t_{1/2\beta}$	h	6.582
$V_{1/F}$	L/kg	0.371
CL/F	L/(h·kg)	0.101
AUC $_{(0-t)}$	ng/(L·h)	366.791
AUC $_{(0-\infty)}$	ng/(L·h)	396.009
K_{10}	1/h	0.272
K_{12}	1/h	0.577
K_{21}	1/h	0.517

续表

房室参数	单位	参数值
K_a	1/h	1.519
$t_{1/2}K_a$	h	0.456
MRT $_{(0-t)}$	h	5.598
MRT $_{(0-\infty)}$	h	5.690
T_{max}	h	1
C_{max}	ng/L	65.764

表 9.2　PPS 药代动力学参数

房室参数	单位	参数值
$t_{1/2\alpha}$	h	0.852
$t_{1/2\beta}$	h	9.323
$V_{1/F}$	L/kg	0.068
CL/F	L/(h·kg)	0.036
AUC $_{(0-t)}$	ng/(L·h)	1079.903
AUC $_{(0-\infty)}$	ng/(L·h)	1114.750
K_{10}	1/h	0.531
K_{12}	1/h	0.244
K_{21}	1/h	0.215
K_a	1/h	6.145
$t_{1/2}K_a$	h	0.113
MRT $_{(0-t)}$	h	5.474
MRT $_{(0-\infty)}$	h	5.712
T_{max}	h	1
C_{max}	ng/L	303.328

表 9.3　PNPS 药代动力学参数

房室参数	单位	参数值
$t_{1/2\alpha}$	h	0.932
$t_{1/2\beta}$	h	9.144
$V_{1/F}$	L/kg	0.033
CL/F	L/(h·kg)	0.024
AUC $_{(0-t)}$	ng/(L·h)	1985.931
AUC $_{(0-\infty)}$	ng/(L·h)	1996.446

续表

房室参数	单位	参数值
K_{10}	1/h	0.723
K_{12}	1/h	0.03
K_{21}	1/h	0.641
K_a	1/h	1.576
$t_{1/2}K_a$	h	0.44
MRT$_{(0-t)}$	h	5.887
MRT$_{(0-\infty)}$	h	5.984
T_{max}	h	1
C_{max}	ng/L	634.902

9.2　组织分布测定

取体重（250±10）g 的 SD 大鼠 108 只，随机分成 3 组，每组 36 只，给药前 12 h 开始禁食，但自由饮水。分别按照给药量为 40 mg/kg 给 3 组大鼠灌服紫杉醇原药、PPS 和 PNPS。从给药完成开始计时，分别在给药后的 0.083 h、0.167 h、0.25 h、0.5 h、1 h、2 h、3 h、4 h、6 h、8 h、12 h 和 24 h 随机从每组分出 3 只大鼠，采用断颈的方式处死，并迅速进行解剖，快速取出心、肝、脾、肺、肾和脑 6 个组织，使用生理盐水冲洗组织上残留的血液，再用滤纸将生理盐水吸干，准确称量各个脏器的重量后，存放于–40℃冰箱中保存（张敏，2011）。

将存放的组织取出并在室温下解冻，切碎后放入研磨瓶中，根据之前称量得到的组织重量，按 1:2（g/mL）向组织切块中加入生理盐水，进行高速匀浆研磨，待组织切块充分粉碎并均匀分散在匀浆液中时，精密量取 1 mL 匀浆液，加入 1 mL 乙酸乙酯，涡旋 5 min，超声 10 min，对组织匀浆液中紫杉醇进行萃取，3000 r/min 下离心 10 min，分取乙酸乙酯萃取层，重复萃取操作 3 次，合并乙酸乙酯层，在温和的氮气流动下蒸发干燥，获得残渣。向残渣中加入 100 μL 甲醇，涡旋 3 min 后再超声 10 min，残渣被充分溶解后，将残渣的甲醇溶液在 10 000 r/min 下离心 10 min，然后取 10 μL 上清液注入 HPLC 系统中，测定并计算该时间点下的各个组织中药物含量（张敏，2011）。

给大鼠灌服紫杉醇原药、PPS 和 PNPS 后的 0.083 h、0.167 h、0.25 h、0.5 h、1 h、2 h、3 h、4 h、6 h、8 h、12 h 和 24 h，分别测定了大鼠的心、肝、脾、肺、肾和脑这 6 个组织中紫杉醇的含量，测定结果如表 9.4～表 9.9 所示。肝脏、心脏和肺是紫杉醇原药、PPS 和 PNPS 主要分布的脏器部位，而且各个时间点取出的脏器中 PPS 和 PNPS 的药物含量都明显高于紫杉醇原药。

表 9.4　心脏中紫杉醇原药、PPS 和 PNPS 的分布情况

时间/h	组织中药物含量/(ng/g)		
	紫杉醇原药	PPS	PNPS
0.083	11.764±0.131	17.876±1.238	17.043±3.223
0.167	20.381±1.300	27.901±1.135	50.546±0.922
0.25	47.344±3.431	37.652±1.219	78.552±0.731
0.5	60.289±6.692	63.142±13.722	92.377±2.316
1	86.349±13.166	77.985±4.888	125.867±34.922
2	66.923±3.018	104.074±8.541	136.707±15.866
3	57.318±13.777	96.244±30.911	62.223±2.359
4	46.037±3.399	87.786±1.923	36.428±3.108
6	27.521±1.412	35.797±1.815	11.360±1.791
8	23.782±1.711	23.608±0.927	6.312±0.596
12	7.103±1.021	13.258±0.846	4.223±0.239
24	2.988±0.953	5.497±0.932	1.820±0.143

表 9.5　肝脏中紫杉醇原药、PPS 和 PNPS 的分布情况

时间/h	组织中药物含量/(ng/g)		
	紫杉醇原药	PPS	PNPS
0.083	21.257±1.225	24.136±3.181	32.032±2.236
0.167	27.408±0.522	40.321±2.257	59.362±1.023
0.25	43.599±3.431	57.159±1.219	89.639±0.731
0.5	68.721±7.526	133.073±20.368	180.945±26.759
1	95.930±11.554	292.178±24.866	158.709±30.155
2	74.711±12.294	397.3162±18.318	168.076±41.848
3	60.877±13.561	122.750±21.023	186.859±30.561
4	54.210±2.816	100.669±9.746	149.237±5.582
6	22.864±2.315	48.390±3.946	78.553±2.634
8	16.307±1.923	29.242±2.355	32.561±4.048
12	8.333±1.733	15.742±1.023	12.107±1.207
24	5.849±1.921	10.083±1.023	4.136±0.665

表 9.6　脾脏中紫杉醇原药、PPS 和 PNPS 的分布情况

时间/h	组织中药物含量/(ng/g)		
	紫杉醇原药	PPS	PNPS
0.083	5.124±1.178	5.885±3.294	6.743±0.832
0.167	6.044±0.317	10.748±1.658	7.585±0.832
0.25	7.123±1.364	16.960±2.577	9.161±1.292
0.5	11.507±2.149	17.115±1.589	42.113±2.564
1	31.792±12.045	96.812±5.425	36.829±12.989
2	21.366±1.215	127.520±32.716	144.995±9.214
3	17.538±3.345	38.677±4.821	88.416±2.117
4	13.841±3.741	27.062±0.832	44.608±1.354
6	9.210±1.644	9.247±0.832	18.472±1.869
8	6.341±2.306	8.022±0.832	11.772±2.364
12	4.908±1.265	7.593±0.688	9.236±1.361
24	2.077±0.726	2.142±0.832	2.638±0.298

表 9.7　肺部紫杉醇原药、PPS 和 PNPS 的分布情况

时间/h	组织中药物含量/(ng/g)		
	紫杉醇原药	PPS	PNPS
0.083	7.780±0.937	16.389±2.739	15.154±1.554
0.167	20.459±0.492	22.988±3.364	41.076±0.655
0.25	29.421±2.819	36.527±6.421	49.837±5.655
0.5	42.387±1.587	78.683±2.256	62.785±1.688
1	73.108±8.722	73.480±1.861	129.633±16.648
2	60.564±15.515	112.937±29.611	119.567±32.112
3	51.783±3.948	102.558±10.655	138.072±13.788
4	39.722±2.007	73.435±2.631	97.023±4.109
6	13.511±2.458	30.818±0.655	51.018±3.512
8	9.460±0.918	20.823±2.655	25.174±1.581
12	5.429±0.909	11.256±0.386	10.304±2.108
24	2.735±0.331	5.823±0.281	2.443±0.311

表 9.8　肾脏中紫杉醇原药、PPS 和 PNPS 的分布情况

时间/h	组织中药物含量/(ng/g)		
	紫杉醇原药	PPS	PNPS
0.083	3.007±0.332	5.366±2.819	4.491±1.256
0.167	4.289±0.333	7.022±1.231	6.367±0.125
0.25	8.107±2.124	10.737±1.922	11.056±2.103
0.5	11.431±3.354	15.168±1.968	16.697±6.311
1	26.924±2.715	47.243±8.942	23.912±2.563
2	38.843±4.519	76.643±15.157	57.429±1.254
3	40.821±5.314	80.277±9.125	90.312±10.244
4	69.636±1.591	100.054±0.125	103.744±7.713
6	54.738±4.369	87.742±9.125	131.798±15.285
8	42.255±3.636	67.053±2.187	66.211±8.511
12	16.378±1.268	30.734±2.867	32.259±5.514
24	16.481±1.921	18.933±0.125	13.111±0.973

表 9.9　脑中紫杉醇原药、PPS 和 PNPS 的分布情况

时间/h	组织中药物含量/(ng/g)		
	紫杉醇原药	PPS	PNPS
0.083	0.865±0.214	1.722±0.523	1.899±1.382
0.167	1.425±1.283	3.442±0.982	2.475±1.058
0.25	1.733±0.654	3.999±0.761	3.321±0.528
0.5	3.926±1.921	7.470±1.514	6.771±1.948
1	5.741±1.534	9.727±1.215	10.527±1.588
2	3.209±1.821	17.122±2.869	18.091±1.864
3	2.177±1.271	4.872±1.385	10.251±2.211
4	1.251±0.589	2.351±1.385	6.367±1.355
6	0.871±0.218	1.533±1.354	4.299±1.088
8	0.613±0.183	1.047±0.329	2.383±1.808
12	0.422±0.331	0.663±0.281	1.332±0.311
24	0.310±0.031	0.351±0.085	0.990±0.120

　　选取 0.5 h、1 h、2 h、3 h、4 h、6 h、8 h 和 12 h 这 8 个比较重要的时间点，针对大鼠灌服紫杉醇原药、PPS 和 PNPS 后各脏器内紫杉醇药物分布情况进行心、肝、脾、肺、肾和脑的组织分布情况的对比。

　　由图 9.2 可知，在给大鼠灌服药物 0.5 h 后，紫杉醇原药在各脏器中的分布含量大小顺序是：肝＞心＞肺＞脾＞肾＞脑，药物含量分别是（68.721±7.526）ng/g、（60.289±6.692）ng/g、（42.387±1.587）ng/g、（11.507±2.149）ng/g、（11.431±3.354）ng/g 和（3.926±1.921）ng/g；PPS 中紫杉醇在各个脏器中分布的含量大小顺序是：肝＞心＞肺＞脾＞肾＞脑，药物含量分别为（180.945±26.759）ng/g、（92.377±2.316）ng/g、（62.785±1.688）ng/g、（42.113±2.564）ng/g、（16.697±6.311）ng/g 和（6.771±1.948）ng/g；PNPS 中紫杉醇在各脏器中分布的含量大小顺序是：肝＞肺＞心＞脾＞肾＞脑，药物含量分别为（133.073±20.368）ng/g、（78.683±2.256）ng/g、（63.142±13.722）ng/g、（17.115±1.589）ng/g、（15.168±1.968）ng/g 和（7.470±1.514）ng/g。在给药后的 0.5 h，大鼠心脏中紫杉醇含量分布情况为 PPS＞PNPS＞紫杉醇原药，肝脏中紫杉醇含量分布情况为 PPS＞PNPS＞紫杉醇原药，脾脏中紫杉醇含量分布情况为 PPS＞PNPS＞紫杉醇原药，肺部紫杉醇含量分布情况为 PNPS＞PPS＞紫杉醇原药，肾脏中紫杉醇含量分布情况为 PPS＞PNPS＞紫杉醇原药，脑中紫杉醇含量分布情况为 PNPS＞PPS＞紫杉醇原药。

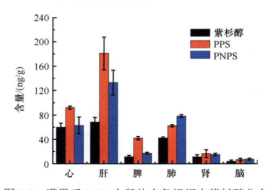

图 9.2　灌胃后 0.5 h 大鼠体内各组织中紫杉醇分布

　　由图 9.3 可知，在给大鼠灌服药物 1 h 后，紫杉醇原药在各脏器中的分布含量大小顺序是：肝＞心＞肺＞脾＞肾＞脑，药物含量分别是（95.930±11.554）ng/g、（86.349±13.166）ng/g、（73.108±8.722）ng/g、（31.792±12.045）ng/g、（26.924±2.715）ng/g 和（5.741±1.534）ng/g；PPS 中紫杉醇在各个脏器分布的含量大小顺序是：肝＞脾＞心＞肺＞肾＞脑，药物含量分别为（292.178±24.866）ng/g、（96.812±5.425）ng/g、（77.985±4.888）ng/g、（73.480+1.861）ng/g、（47.243+8.942）ng/g 和（9.727±1.215）ng/g；PNPS 中紫杉醇在各脏器中的分布含量大小

顺序是：肝＞肺＞心＞脾＞肾＞脑，药物含量分别为（158.709±30.155）ng/g、（129.633±16.648）ng/g、（125.867±34.922）ng/g、（36.829±12.989）ng/g、（23.912±2.563）ng/g 和（10.527±1.588）ng/g。在给药后的 1 h，大鼠心脏中紫杉醇含量分布情况为 PNPS＞紫杉醇原药＞PPS，肝脏中紫杉醇含量分布情况为 PPS＞PNPS＞紫杉醇原药，脾脏中紫杉醇含量分布情况为 PPS＞PNPS＞紫杉醇原药，肺部紫杉醇含量分布情况为 PNPS＞PPS＞紫杉醇原药，肾脏中紫杉醇含量分布情况为 PPS＞紫杉醇原药＞PNPS，脑中紫杉醇含量分布情况为 PNPS＞PPS＞紫杉醇原药。与给药 0.5 h 相比，1 h 时紫杉醇原药、PPS 和 PNPS 在大鼠体内各脏器中的含量都有所增高，PPS 和 PNPS 组大鼠各脏器中的紫杉醇含量都高于紫杉醇原药组。此外，PNPS 组紫杉醇在肺中分布的比例高于其他两组，这可能是因为 PNPS 中紫杉醇以纳米粒形式存在，在体内的吸收和分布的途径与紫杉醇原药和 PPS 存在差别。给药 1 h 时各组大鼠的肾脏中紫杉醇的含量也有所增加，这是由于随着时间的延长，部分药物开始代谢，被代谢的药物经过肾脏并排出体外，增加了肾脏中药物的含量。

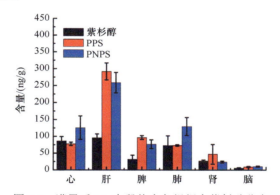

图 9.3　灌胃后 1 h 大鼠体内各组织中紫杉醇分布

如图 9.4 所示，在给大鼠灌服药物 2 h 后，紫杉醇原药在各脏器中的分布含量大小顺序是：肝＞心＞肺＞肾＞脾＞脑，药物含量分别是（74.711±12.294）ng/g、（66.923±3.018）ng/g、（60.564±15.515）ng/g、（38.843±4.519）ng/g、（21.366±1.215）ng/g 和（3.209±1.821）ng/g；PPS 中紫杉醇在各个脏器中分布的含量大小顺序是：肝＞脾＞肺＞心＞肾＞脑，药物含量分别为（397.3162±18.318）ng/g、（127.520±32.716）ng/g、（112.937±29.611）ng/g、（104.074±8.541）ng/g、（76.643±15.157）ng/g 和（17.122±2.869）ng/g；PNPS 中紫杉醇在各脏器中的分布含量大小顺序是：肝＞脾＞心＞肺＞肾＞脑，药物含量分别为（168.076±41.848）ng/g、（144.995±9.214）ng/g、（136.707±15.866）ng/g、（119.567±32.112）ng/g、（57.429±1.254）ng/g 和（18.091±1.864）ng/g。在给药后的 2 h，大鼠心脏中紫杉醇含量分布

情况为 PNPS＞PPS＞紫杉醇原药，肝脏中紫杉醇含量分布情况为 PPS＞PNPS＞紫杉醇原药，脾脏中紫杉醇含量分布情况为 PNPS＞PPS＞紫杉醇原药，肺部紫杉醇含量分布情况为 PNPS＞PPS＞紫杉醇原药，肾脏中紫杉醇含量分布情况为 PPS＞PNPS＞紫杉醇原药，脑中紫杉醇含量分布情况为 PNPS＞PPS＞紫杉醇原药。与给药 1 h 相比，灌胃后 2 h 紫杉醇原药组的心、肝、脾、肺和脑中紫杉醇的含量开始减少，肾脏中紫杉醇含量继续增加，这是因为 2 h 时紫杉醇原药组大鼠体内的紫杉醇开始代谢，减少心、肝、脾、肺和脑中紫杉醇的含量，增加了肾脏中的紫杉醇含量。灌胃后 2 h PPS 组和 PNPS 组各组织中的紫杉醇含量继续增加，可能是因为 PPS 组和 PNPS 组中紫杉醇在大鼠体内溶解量比原药组高很多，所以在 2 h 时，紫杉醇原药组各脏器很难吸收紫杉醇，而 PPS 组和 PNPS 组各脏器可以继续吸收紫杉醇。

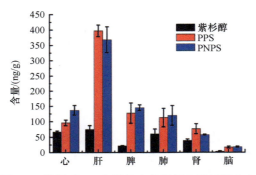

图9.4　灌胃后 2 h 大鼠体内各组织中紫杉醇分布

由图 9.5 可以看出，在给大鼠灌服药物 3 h 时，紫杉醇原药在各脏器中的分布含量大小顺序是：肝＞心＞肺＞肾＞脾＞脑，药物含量分别是（60.877±13.561）ng/g、（57.318±13.777）ng/g、（51.783±3.948）ng/g、（40.821±5.314）ng/g、（17.538±3.345）ng/g 和（2.177±1.271）ng/g；PPS 中紫杉醇在各个脏器中分布含量大小顺序是：肝＞肺＞心＞肾＞脾＞脑，药物含量分别为（122.750±21.023）ng/g、（102.558±10.655）ng/g、（96.244±30.911）ng/g、（80.277±9.125）ng/g、（38.677±4.821）ng/g 和（4.872±1.385）ng/g；PNPS 中紫杉醇在各脏器中的分布含量大小顺序是：肝＞肺＞肾＞脾＞心＞脑，药物含量分别为（186.859±30.561）ng/g、（138.072±13.788）ng/g、（90.312±10.244）ng/g、（88.416±2.117）ng/g、（62.223±2.359）ng/g 和（10.251±2.211）ng/g。在给药后的 3 h，大鼠心脏中紫杉醇含量分布情况为 PPS＞PNPS＞紫杉醇原药，肝脏中紫杉醇含量分布情况为 PNPS＞PPS＞紫杉醇原药，脾脏中紫杉醇含量分布情况为 PNPS＞PPS＞紫杉醇原药，肺部紫杉醇含量分布情况为 PNPS＞PPS＞紫杉醇原药，肾脏中紫杉醇含量分布情况为 PNPS＞PPS＞紫杉醇原药，脑中紫杉醇含量分布情况为 PNPS＞PPS＞紫杉醇原药。与给药 2 h 相比，灌

胃后 3 h，紫杉醇原药组、PPS 组和 PNPS 组大鼠的心、肝、脾、肺和脑中紫杉醇含量都明显减少，肾脏中紫杉醇含量继续增加。但 PPS 组和 PNPS 组大鼠的各脏器中紫杉醇含量依然高于紫杉醇原药组。

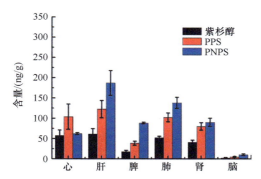

图 9.5　灌胃后 3 h 大鼠体内各组织中紫杉醇分布

　　由图 9.6 可知，在给大鼠灌服药物 4 h 后，紫杉醇原药在各脏器中的分布含量大小顺序是：肝＞肾＞肺＞心＞脾＞脑，药物含量分别是（69.636±1.591）ng/g、（54.210±2.816）ng/g、（46.037±3.399）ng/g、（39.722±2.007）ng/g、（13.841±3.741）ng/g和（1.251±0.589）ng/g；PPS 中紫杉醇在各个脏器中分布的含量大小顺序是：肝＞肾＞心＞肺＞脾＞脑，药物含量分别为（100.669±9.746）ng/g、（100.054±0.125）ng/g、（87.786±1.923）ng/g、（73.435±2.631）ng/g、（27.062±0.832）ng/g 和（2.351±1.385）ng/g；PNPS 中紫杉醇在各脏器中的分布含量大小顺序是：肝＞肾＞肺＞脾＞心＞脑，药物含量分别为（149.237±5.582）ng/g、（103.744±7.713）ng/g、（97.023±4.109）ng/g、（44.608±1.354）ng/g、（36.428±3.108）ng/g 和（6.367±1.355）ng/g。在给药后的 4 h，大鼠心脏中紫杉醇含量分布情况为 PPS＞PNPS＞紫杉醇原药，肝脏中紫杉醇含量分布情况为 PNPS＞PPS＞紫杉醇原药，脾脏中紫杉醇含量分布情况为 PNPS＞PPS＞紫杉醇原药，肺部紫杉醇含量分布情况为 PNPS＞PPS＞紫

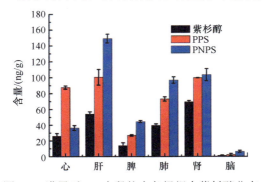

图 9.6　灌胃后 4 h 大鼠体内各组织中紫杉醇分布

杉醇原药，肾脏中紫杉醇含量分布情况为 PNPS＞PPS＞紫杉醇原药，脑中紫杉醇含量分布情况为 PNPS＞PPS＞紫杉醇原药。与给药 3 h 相比，灌胃后 4 h，紫杉醇原药组、PPS 组和 PNPS 组大鼠的心、肝、脾、肺和脑中紫杉醇含量都继续减少，肾脏中紫杉醇含量稍有增加。

由图 9.7 可知，在给大鼠灌服药物的 6 h 后，紫杉醇原药在各脏器中的分布含量大小顺序是：肾＞肝＞心＞肺＞脾＞脑，药物含量分别是（54.738±4.369）ng/g、（22.864±2.315）ng/g、（17.521±1.412）ng/g、（13.511±2.458）ng/g、（9.210±1.644）ng/g 和（0.871±0.218）ng/g；PPS 中紫杉醇在各个脏器中分布的含量大小顺序是：肾＞肝＞心＞肺＞脾＞脑，药物含量分别为（87.742±9.125）ng/g、（48.390±3.946）ng/g、（35.797±1.815）ng/g、（30.818±0.655）ng/g、（9.247±0.832）ng/g 和（1.533±1.354）ng/g；PNPS 中紫杉醇在各脏器中的分布含量大小顺序是：肾＞肝＞肺＞心＞脾＞脑，药物含量分别为（131.798±15.285）ng/g、（78.553±2.634）ng/g、（51.018±3.512）ng/g、（21.360±1.791）ng/g、（18.472±1.869）ng/g 和（4.299±1.088）ng/g。在给药后的 6 h，大鼠心脏中紫杉醇含量分布情况为 PPS＞PNPS＞紫杉醇原药，肝脏中紫杉醇含量分布情况为 PNPS＞PPS＞紫杉醇原药，脾脏中紫杉醇含量分布情况为 PNPS＞PPS＞紫杉醇原药，肺部紫杉醇含量分布情况为 PNPS＞PPS＞紫杉醇原药，肾脏中紫杉醇含量分布情况为 PNPS＞PPS＞紫杉醇原药，脑中紫杉醇含量分布情况为 PNPS＞PPS＞紫杉醇原药。与给药 4 h 相比，在灌胃后 6 h 紫杉醇原药组、PPS 组和 PNPS 组的大鼠的心、肝、脾、肺、肾和脑中的紫杉醇含量都减少很多，各组大鼠组织的紫杉醇逐渐代谢。PNPS 组紫杉醇在肝、脾、肺、肾和脑的含量都比紫杉醇原药和 PPS 组更高，这可能是因为 PNPS 组在大鼠体内生物利用度较高导致的。但 PNPS 组中紫杉醇在大鼠心脏中的含量低于 PPS 组，可能是因为 PNPS 中紫杉醇以纳米粒形式存在，使其与紫杉醇原药组、PPS 组中的紫杉醇在大鼠体内的吸收及分布存在一定的差别。

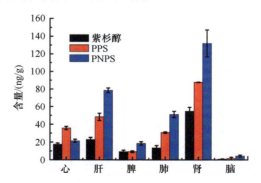

图 9.7　灌胃后 6 h 大鼠体内各组织中紫杉醇分布

由图 9.8 可知，在给大鼠灌服药物 8 h 后，紫杉醇原药在各脏器中的分布含量大小顺序是：肾＞肝＞心＞肺＞脾＞脑，药物含量分别是（42.255±3.636）ng/g、（16.307±1.923）ng/g、（13.782±1.711）ng/g、（9.460±0.918）ng/g、（6.341±2.306）ng/g 和（0.613±0.183）ng/g；PPS 中紫杉醇在各个脏器中分布的含量大小顺序是：肾＞肝＞心＞肺＞脾＞脑，药物含量分别为（67.053±2.187）ng/g、（29.242±2.355）ng/g、（23.608±0.927）ng/g、（20.823±2.655）ng/g、（8.022±0.832）ng/g 和（1.047±0.329）ng/g；PNPS 中紫杉醇在各脏器中的分布含量大小顺序是：肾＞肝＞肺＞脾＞心＞脑，药物含量分别为（66.211±8.511）ng/g、（32.561±4.048）ng/g、（25.174±1.581）ng/g、（11.772±2.364）ng/g、（6.312±0.596）ng/g 和（2.383±1.808）ng/g。在给药后的 8 h，大鼠心脏中紫杉醇含量分布情况为 PPS＞紫杉醇原药＞PNPS，肝脏中紫杉醇含量分布情况为 PNPS＞PPS＞紫杉醇原药，脾脏中紫杉醇含量分布情况为 PNPS＞PPS＞紫杉醇原药，肺部紫杉醇含量分布情况为 PNPS＞PPS＞紫杉醇原药，肾脏中紫杉醇含量分布情况为 PPS＞PNPS＞紫杉醇原药，脑中紫杉醇含量分布情况为 PNPS＞PPS＞紫杉醇原药。与给药 6 h 相比，8 h 时紫杉醇原药、PPS 和 PNPS 在大鼠体内各脏器分布的含量继续减少，各组大鼠体内心、肝、脾、肺和脑中紫杉醇含量均小于 35 ng/g，肾脏是紫杉醇分布的主要脏器，说明在 8 h 时，大鼠对紫杉醇的吸收基本停止，仅剩下紫杉醇逐渐被代谢的过程。

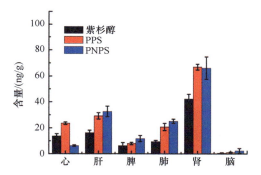

图 9.8　灌胃后 8 h 大鼠体内各组织中紫杉醇分布

由图 9.9 可知，在给大鼠灌服药物 12 h 后，紫杉醇原药在各脏器中的分布含量大小顺序是：肾＞肝＞心＞肺＞脾＞脑，药物含量分别是（16.378±1.268）ng/g、（8.333±1.733）ng/g、（7.103±1.021）ng/g、（5.429±0.909）ng/g、（4.908±1.265）ng/g 和（0.422±0.331）ng/g；PPS 中紫杉醇在各个脏器中分布的含量大小顺序是：肾＞肝＞心＞肺＞脾＞脑，药物分别含量为（30.734±2.867）ng/g、（15.742±1.023）ng/g、（13.258±0.846）ng/g、（11.256±0.386）ng/g、（7.593±0.688）ng/g 和（0.663±0.281）ng/g；PNPS 中紫杉醇在各脏器中的分布含量大小顺序是：肾＞肝＞肺＞脾＞心＞脑，药物含量分别为（32.259±5.514）ng/g、（12.107±1.207）ng/g、（10.304±2.108）ng/g、（9.236±1.361）ng/g、（4.223±0.239）ng/g 和（1.332±0.311）ng/g。在

给药后的 12 h，大鼠心脏中紫杉醇含量分布情况为 PPS＞紫杉醇原药＞PNPS，肝脏中紫杉醇含量分布情况为 PPS＞PNPS＞紫杉醇原药，脾脏中紫杉醇含量分布情况为 PNPS＞PPS＞紫杉醇原药，肺部紫杉醇含量分布情况为 PPS＞PNPS＞紫杉醇原药，肾脏中紫杉醇含量分布情况为 PNPS＞PPS＞紫杉醇原药，脑中紫杉醇含量分布情况为 PNPS＞PPS＞紫杉醇原药。12 h 时紫杉醇原药组、PPS 组和 PNPS 组中的紫杉醇在六鼠体内各脏器分布的含量比 8 h 时含量更低。包括肾脏在内，紫杉醇原药组、PPS 组和 PNPS 组的大鼠各脏器中紫杉醇的含量均低于 40 ng/g，说明在 12 h 时，紫杉醇原药组、PPS 组和 PNPS 组大鼠体内的紫杉醇基本完成代谢。

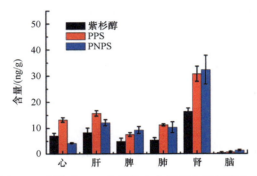

图 9.9　灌胃后 12 h 大鼠体内各组织中紫杉醇分布

　　根据组织分布实验结果可以看出，紫杉醇原药组、PPS 组和 PNPS 组大鼠心脏中紫杉醇含量达到最高值的时间分别是 1 h、2 h 和 2 h，最高含量分别为（86.349±13.166）ng/g、（104.074±8.541）ng/g 和（136.707±15.866）ng/g，PPS 组和 PNPS 组大鼠心脏中最高含量分别为紫杉醇原药组的 1.20 倍和 1.58 倍。大鼠肝脏中紫杉醇原药组、PPS 组和 PNPS 组含量达到最高值时间分别是 1 h、2 h 和 3 h，最高含量分别为（95.930±11.554）ng/g、（397.3162±18.318）ng/g 和（186.859±30.561）ng/g，PPS 和 PNPS 组大鼠肝脏中最高含量分别为紫杉醇原药组的 4.14 倍和 1.95 倍。紫杉醇原药组、PPS 组和 PNPS 组大鼠脾脏中紫杉醇含量达到最高值的时间分别是 1 h、2 h 和 2 h，最高含量分别为（31.792±12.045）ng/g、（127.520±32.716）ng/g 和（144.995±9.214）ng/g，PPS 组和 PNPS 组分别是紫杉醇原药组的 4.01 倍和 4.56 倍。紫杉醇原药组、PPS 组和 PNPS 组在大鼠的肺中分别在 1 h、2 h 和 3 h 时达到了最高值（73.108±8.722）ng/g、（112.937±29.611）ng/g 和（138.072±13.788）ng/g，PPS 和 PNPS 在肺中的最高含量分别是紫杉醇原药的 1.54 倍和 1.89 倍。在大鼠脑中，紫杉醇原药、PPS 和 PNPS 分别在 1 h、2 h 和 2 h 达到了最高含量（5.741±1.534）ng/g、（17.122±2.869）ng/g 和（18.091±1.864）ng/g，PPS 和 PNPS 的最高含量分别是紫杉醇原药的 2.98 倍和 3.15 倍。在大鼠肾脏中，紫杉醇原药、PPS 和 PNPS 紫杉醇含量分别是在 4 h、4 h 和 6 h 达到最高值，最高值分别为（69.636±1.591）ng/g、（100.054±0.125）ng/g 和（131.798±15.285）ng/g，PPS 和 PNPS 在肾脏中最高含药量分别是紫杉醇原药的 1.44 倍和 1.89 倍。在灌服紫杉醇后，紫杉醇可以很快分散到各个脏器中，但受血脑屏障的影响，紫杉醇原药、PPS 和 PNPS 各时间点在大鼠脑中的含量都很低。在 4 h 前，紫杉醇原药、PPS 和 PNPS 在大鼠体内主要分布在肝脏和心脏，这是因为肝脏和心脏是血管分布很丰富的脏器，而血流量是影响紫杉醇分布的主要因素。紫杉醇原药、PPS 和 PNPS 在大鼠体内代谢时经过肾脏，导致肾脏中紫杉醇含量增加，4 h 后在大鼠体内主要分布在肾脏中。

第 10 章　紫杉醇多孔淀粉载药体系对 Lewis 肺癌细胞及肿瘤的抑制作用

对于抗癌药物新剂型质量评判的主要标准之一就是其对肿瘤细胞增殖及实体瘤生长抑制的效果（付榆，2011）。根据以往报道，紫杉醇对小鼠 Lewis 肺癌（LLC）细胞株的增殖具有抑制作用。本章研究内容选择 LLC 细胞株为实验对象，采用 MTT 实验，对比了紫杉醇原药、PPS 和 PNPS 对 LLC 细胞株的体外抑制效果。同时选用 C57BL/5 小鼠接种 LLC 细胞株考察紫杉醇原药、PPS 及 PNPS 对实体瘤生长的抑制效果。

10.1　体外肿瘤细胞抑制效果评价

根据以往报道，紫杉醇对小鼠 Lewis 肺癌（LLC）细胞株的增殖具有抑制作用。将 LLC 细胞作为考察对象，进行紫杉醇原药、PPS 和 PNPS 的体外肿瘤细胞抑制效果评价。

10.1.1　细胞培养条件

将存放在液氮中的冻存 LLC 细胞株迅速取出，放置于 37℃水浴锅中轻轻晃动使之快速融化，然后转移至装有 5 mL 含 15% 胎牛血清 DMEM 高糖培养液的离心管中，轻轻吹打后，1000 r/min 离心 5 min 收集细胞。用 5 mL 培养液轻轻吹打后再次离心收集细胞，加入 5 mL 培养液中重新分散后转移至 25 cm² 细胞培养瓶中进行培养（Li et al.，2018）。

LLC 细胞株培养于温度为 37℃、CO_2 含量为 5%、湿度为 95% 的培养箱中，细胞在培养瓶中贴壁生长，每隔 2 天进行换液一次，待细胞生长至 90% 时进行传代。细胞的传代首先弃去培养瓶中的培养基，加入 5 mL 生理盐水洗涤残余细胞培养基，弃去生理盐水，加入 1 mL 的 0.25% 胰蛋白酶溶液，酶解消化 1～2 min，加入 5 mL 培养液，终止酶解过程，轻轻吹打培养液至细胞呈单个分散后，转移细胞液至离心管中，在 1000 r/min 下离心 5 min，收集细胞并加入 10 mL 培养液，轻轻吹打后平均分装于 2 个细胞培养瓶中继续进行培养，待生长至 90% 时再次进行传代（Li et al.，2018）。

10.1.2　MTT 法测定 LLC 细胞体外抑制率

首先用含有 15% 胎牛血清的 DMEM 高糖培养液，按照紫杉醇浓度 0.0001 μmol/L、0.001 μmol/L、0.01 μmol/L、0.1 μmol/L、1 μmol/L、10 μmol/L、100 μmol/L、1000 μmol/L 分别配制紫杉醇原药、PPS 和 PNPS 药物溶液。将密度为 1×10^4 的 LLC 细胞悬液按照每孔 200 μL 接种在 96 孔板中。将细胞放置在 37℃的细胞培养箱中培养 24 h，弃去孔板中的培养液，按照每组 6 个平行样，将样品分为 25 组，一组为空白对照组，加入 200 μL 细胞培养液，其余 24 组为给药组，分别是加入了浓度为 0.0001 μmol/L、0.001 μmol/L、0.01 μmol/L、0.1 μmol/L、1 μmol/L、10μmol/L、100 μmol/L、1000 μmol/L 紫杉醇原药、PPS 和 PNPS 的培养基溶液。继续培养 48 h 后，按照 5 mg/mL 浓度在每个孔中加入 20 μL 的 3-(4,5-二甲基噻唑-2)-2,5-二苯基四氮唑溴盐（MTT），继续放置于培养箱中培养 4 h，用 200 μL 的 DMSO 溶液代替 96 孔板中的培养液，振荡 10 min。将处理后的细胞样品放在酶标仪上，在 490 nm 的单波长下测量吸光度（OD）值。根据 OD 值，通过方程计算紫杉醇原药、PPS 和 PNPS 对 LLC 细胞的抑制率（Silva et al.，2006）。

$$IR（\%）= (OD_c - OD_e) / OD_c \times 100\% \tag{10-1}$$

式中，IR 表示抑制率（%）；OD_c 表示对照组的吸光度值；OD_e 表示给药组的吸光度值。

图 10.1 显示了浓度为 0.0001 μmol/L、0.001 μmol/L、0.01 μmol/L、0.1 μmol/L、1 μmol/L、10 μmol/L、100 μmol/L、1000 μmol/L（按照紫杉醇浓度计算）的紫杉醇原药、PPS 和 PNPS 对 LLC 细胞的抑制作用。结果发现，当紫杉醇原药浓度从 0.0001 μmol/L 增加到 10 μmol/L 时，对 LLC 细胞的抑制率逐渐升高。当紫杉醇原药浓度超过 10 μmol/L 时，抑制率无明显提高，最大抑制率为（33.91±1.90）%。此外，随着紫杉醇浓度从 0.0001 μmol/L 增加到 100 μmol/L 时，PPS 和 PNPS 对

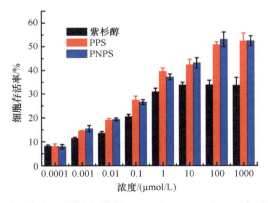

图 10.1　不同浓度下紫杉醇原药、PPS 和 PNPS 对 LLC 细胞的抑制率

LLC 细胞的抑制率显著提高, PPS 和 PNPS 的最大抑制率分别达到（52.36±3.34）%和（53.09±3.15）%。计算紫杉醇原药、PPS 和 PNPS 的 IC_{50} 值分别为（17 703.41±15.76）μmol/L、（95.10±5.32）μmol/L 和（85.68±7.38）μmol/L。上述结果表明, PNPS 和 PPS 对 LLC 细胞的抑制作用优于紫杉醇原药。

10.2　体内实体瘤抑制效果评价

10.2.1　荷瘤鼠模型的建立

将 LLC 细胞培养在含有 15% 优质胎牛血清和 1% 双抗的 DMEM（高糖）培养基中, 将装有细胞悬液的细胞培养瓶放置于 37℃、湿度 95%、CO_2 含量 5% 的培养箱中, 按时换液、传代至实验需求量时, 选择生长状态好且处于对数生长期的细胞, 使用胰蛋白酶消化 1~2 min, 待细胞被消化成单细胞后, 吹打均匀, 转移至离心管中, 在 1000 r/min 下离心 5 min, 倒掉上清, 将细胞重悬于生理盐水中, 通过调整, 配制为细胞浓度 $1×10^8$ 的细胞悬浮液。每只 C57BL/6 小鼠注射细胞悬液的体积为 0.2 mL, 注射于 C57BL/6 小鼠前右肢腋下处, 进行肿瘤接种, 完成接种后正常饲养并观察肿瘤接种情况（付榆, 2011）。

10.2.2　体内实体瘤抑制效率

将紫杉醇原药、PPS 和 PNPS 的给药量分为高、低两个给药剂量, 进行体内实体瘤抑制效果评价。高剂量给药量设定为 15 mg/kg（按药物中紫杉醇含量计算）, 低剂量给药量设定为 5 mg/kg（按药物中紫杉醇含量计算）。以接种 LLC 细胞的 C57BL/6 荷瘤小鼠作为模型动物, 从 C57BL/6 小鼠接种 LLC 细胞后开始, 于第 0、1、2 天, 第 4、5、6 天和第 8、9、10 天, 分 3 次, 每次连续 3 天, 分别按照设定剂量给各组 C57BL/6 荷瘤小鼠进行灌胃。进行紫杉醇原药、PPS 和 PNPS 的抑瘤效率评价。

另取 63 只 C57BL/6 荷瘤小鼠, 按照每组 9 只平均分为 7 组：①生理盐水对照组；②高剂量 15 mg/kg 紫杉醇原药组（PTX-H）；③低剂量 5 mg/kg 紫杉醇原药组（PTX-L）；④高剂量 15 mg/kg PPS 组（PPS-H）；⑤低剂量 5 mg/kg PPS 组（PPS-L）；⑥高剂量 15 mg/kg PNPS 组（PNPS-H）；⑦低剂量 5 mg/kg PNPS 组（PNPS-L）。分别于治疗结束开始计时, 于第 7 天、第 14 天和第 21 天分别从每组随机分取 3 只荷瘤鼠, 处死并解剖出肿瘤, 称量肿瘤重量和肿瘤体积, 并按照公式（10-2）和公式（10-3）计算出肿瘤的重量和体积的抑制率。采用 HE（haematoxylin and eosin）染色法观察各个肿瘤组织的结构变化（Li et al., 2018）。

$$I_{w}（\%）=（W_{c}-W_{e}）/W_{c}\times100\%$$ （10-2）

式中，I_{w} 表示肿瘤重量抑制率（%）；W_{c} 表示空白对照组肿瘤的重量（g）；W_{e} 表示实验组肿瘤的重量（g）。

$$I_{v}（\%）=（V_{c}-V_{e}）/V_{c}\times100\%$$ （10-3）

式中，I_{v} 表示肿瘤体积抑制率（%）；V_{c} 表示空白对照组肿瘤的体积（mm³）；V_{e} 表示实验组肿瘤的体积（mm³）。

10.2.3　治疗后荷瘤鼠体重变化

图 10.2 为治疗后第 1 天至第 21 天荷瘤鼠体重变化曲线图。从图 10.2 可以看出，治疗后的第 1 天至第 21 天对照组的荷瘤小鼠体重基本稳定，说明 C57BL/6 小鼠接种肿瘤对 C57BL/6 荷瘤小鼠体重没有明显影响，PTX-L 组、PTX-H 组、PPS-L 组、PPS-H 组、PNPS-L 组和 PNPS-H 组的荷瘤小鼠体重基本稳定，说明灌服紫杉醇原药、PPS 和 PNPS 对 C57BL/6 荷瘤小鼠体重也没有明显影响。

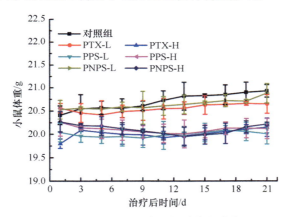

图 10.2　治疗后荷瘤鼠体重变化曲线

10.2.4　治疗后肿瘤体积变化

图 10.3 是治疗后第 1 天至第 21 天，各组 C57BL/6 荷瘤小鼠皮下肿瘤体积大小的变化曲线图。由图可以看到，在治疗结束后，各组荷瘤小鼠的肿瘤体积逐渐增加。治疗结束后第 1 天至第 21 天肿瘤体积增长幅度的大小顺序如下：对照组 ＞PTX-L 组＞PTX-H 组＞PPS-L 组＞PNPS-L 组＞PPS-H 组＞PNPS-H 组。由该结果可以看出，PPS 和 PNPS 对肿瘤增长的抑制效果比紫杉醇原药更好。

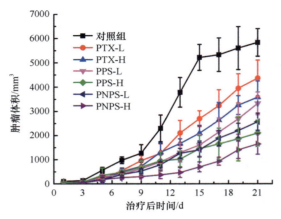

图 10.3　治疗后荷瘤鼠肿瘤体积变化曲线

10.2.5　治疗后肿瘤重量变化

　　为了更详细地对比紫杉醇原药、PPS 和 PNPS 对 C57BL/6 荷瘤小鼠皮下肿瘤的抑制效果，分别在治疗后的第 7 天解剖了对照组、PTX-L 组、PTX-H 组、PPS-L 组、PPS-H 组、PNPS-L 组和 PNPS-H 组的小鼠，测量了肿瘤的重量和体积，并计算了肿瘤重量和体积的抑制率。图 10.4 为治疗后第 7 天解剖各组荷瘤小鼠得到的实体瘤照片，图 10.5 为治疗后第 7 天各组荷瘤小鼠肿瘤重量的统计图，图 10.6 为治疗后第 7 天各组荷瘤小鼠肿瘤体积的统计图，表 10.1 为治疗后第 7 天各组荷瘤小鼠肿瘤重量抑制率和体积抑制率。经过与对照组荷瘤小鼠肿瘤的重量和体积进行对比与计算，可知 PTX-L 组荷瘤小鼠肿瘤重量抑制率为 3.09%、体积抑制率为 28.43%；PTX-H 组荷瘤小鼠肿瘤重量抑制率为 8.25%、体积抑制率为 61.90%；PPS-L 组荷瘤鼠肿瘤重量抑制率为 5.15%、体积抑制率为 65.25%；PPS-H 组荷瘤小鼠肿瘤重量抑制率为 29.90%、体积抑制率为 78.36%；PNPS-L 组荷瘤小鼠肿瘤重量抑制率为 24.74%、体积抑制率为 69.67%；PNPS-H 组荷瘤小鼠肿瘤重量抑制率为 34.02%、体积抑制率为 84.81%。由以上结果可以看出，治疗后第 7 天各组荷瘤小鼠肿瘤重量的抑制率大小顺序为：PNPS-H 组＞PPS-H 组＞PNPS-L 组＞PTX-H 组＞PPS-L 组＞PTX-L 组。治疗后的第 7 天各组荷瘤小鼠肿瘤体积的抑制率大小顺序为：PNPS-H 组＞PPS-H 组＞PNPS-L 组＞PPS-L 组＞PTX-H 组＞PTX-L 组。对比肿瘤重量抑制率结果和肿瘤体积抑制率结果可以看出，在治疗后的第 1 天至第 7 天，PPS 和 PNPS 对 C57BL/6 荷瘤小鼠肿瘤抑制效果比紫杉醇原药好很多，这可能是因为 C57BL/6 荷瘤小鼠肿瘤抑制效果主要受紫杉醇在小鼠体内生物利用度的影响。

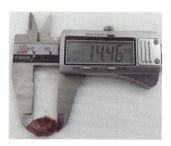

对照组

PTX-L

PPS-L

PNPS-L

PTX-H

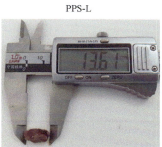

PPS-H

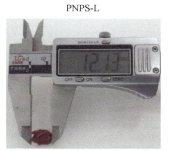

PNPS-H

图 10.4 治疗后第 7 天实体瘤图片

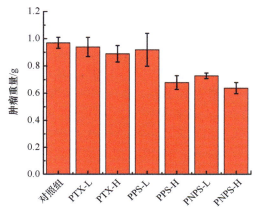

图 10.5 治疗后第 7 天各组荷瘤小鼠肿瘤重量

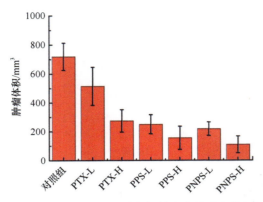

图 10.6　治疗后第 7 天各组荷瘤小鼠肿瘤体积

表 10.1　治疗后第 7 天荷瘤小鼠肿瘤重量抑制率和体积抑制率

	肿瘤重量/g	抑制率/%	肿瘤体积/mm³	抑制率/%
对照组	0.97±0.13	—	719.95±92.77	—
PTX-L	0.94±0.33	3.09	515.27±131.42	28.43
PTX-H	0.89±0.33	8.25	274.31±77.36	61.90
PPS-L	0.92±0.15	5.15	250.20±65.91	65.25
PPS-H	0.68±0.25	29.90	155.76±79.88	78.36
PNPS-L	0.73±0.22	24.74	218.34±46.36	69.67
PNPS-H	0.64±0.12	34.02	109.36±57.55	84.81

　　在治疗后的第 14 天解剖对照组、PTX-L 组、PTX-H 组、PPS-L 组、PPS-H 组、PNPS-L 组和 PNPS-H 组的小鼠，测量肿瘤的重量和体积，并计算肿瘤重量和体积的抑制率。图 10.7 为治疗后第 14 天解剖各组荷瘤小鼠得到的实体瘤照片，图 10.8 为治疗后第 14 天各组荷瘤小鼠肿瘤重量的统计图，图 10.9 为治疗后第 14 天各组荷瘤小鼠肿瘤体积的统计图，表 10.2 为治疗后第 14 天各组荷瘤小鼠肿瘤重量抑制率和体积抑制率。经过与对照组荷瘤小鼠肿瘤的重量和体积进行对比与计算，可知 PTX-L 组荷瘤小鼠肿瘤重量抑制率为 14.70%、体积抑制率为 18.69%；PTX-H 组荷瘤小鼠肿瘤重量抑制率为 16.18%、体积抑制率为 39.00%；PPS-L 组荷瘤小鼠肿瘤重量抑制率为 20.59%、体积抑制率为 43.94%；PPS-H 组荷瘤小鼠肿瘤重量抑制率为 51.71%、体积抑制率为 72.99%；PNPS-L 组荷瘤小鼠肿瘤重量抑制率为 33.09%、体积抑制率为 46.49%；PNPS-H 组荷瘤小鼠肿瘤重量抑制率为 58.09%、体积抑制率为 80.87%。由以上结果可以看出，治疗后第 14 天各组荷瘤小鼠肿瘤重量的抑制率大小顺序为：PNPS-H 组＞PPS-H 组＞PNPS-L 组＞PPS-L 组＞PTX-H 组＞PTX-L 组。治疗后的第 14 天各组荷瘤小鼠肿瘤体积的抑制率大小顺序为：

对照组

PTX-L

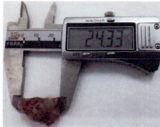

PPS-L

PNPS-L

PTX-H

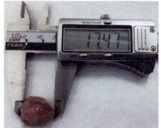

PPS-H

PNPS-H

图 10.7　治疗后 14 天实体瘤图片

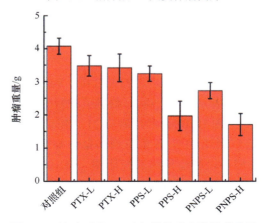

图 10.8　治疗后第 14 天各组荷瘤小鼠肿瘤重量

PNPS-H 组＞PPS-H 组＞PNPS-L 组＞PPS-L 组＞PTX-H 组＞PTX-L 组。治疗后第 14 天各组荷瘤小鼠肿瘤重量抑制率和肿瘤体积抑制率大小顺序与治疗后第 7 天基本一致，说明治疗后第 14 天 PPS 和 PNPS 对 C57BL/6 荷瘤小鼠肿瘤抑制效果比紫杉醇原药效果更好。与治疗后第 7 天相比，治疗后第 14 天各组荷瘤小鼠肿瘤重量抑制率有所增加，而肿瘤体积抑制率相差较小，说明至治疗后第 14 天，PPS 和 PNPS 对 C57BL/6 荷瘤小鼠肿瘤生长抑制的效果很显著。

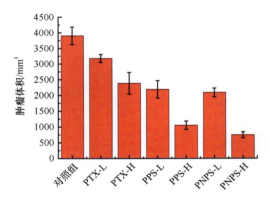

图 10.9　治疗后第 14 天各组荷瘤小鼠肿瘤体积

表 10.2　治疗后第 14 天荷瘤小鼠肿瘤重量抑制率和体积抑制率

	肿瘤重量/g	抑制率/%	肿瘤体积/mm³	抑制率/%
对照组	4.08±0.24	—	3908.72±279.31	—
PTX-L	3.48±0.31	14.70	3178.24±125.27	18.69
PTX-H	3.42±0.42	16.18	2384.34±344.01	39.00
PPS-L	3.24±0.23	20.59	2191.28±274.96	43.94
PPS-H	1.97±0.44	51.71	1055.52±127.63	72.99
PNPS-L	2.73±0.24	33.09	2091.38±133.45	46.49
PNPS-H	1.71±0.33	58.09	747.63±89.22	80.87

在治疗后的第 21 天解剖对照组、PTX-L 组、PTX-H 组、PPS-L 组、PPS-H 组、PNPS-L 组和 PNPS-H 组的荷瘤小鼠，测量了肿瘤的重量和体积，并计算了肿瘤重量和体积的抑制率。图 10.10 为治疗后第 21 天解剖各组荷瘤小鼠得到的实体瘤照片，图 10.11 为治疗后第 21 天各组荷瘤小鼠肿瘤重量的统计图，图 10.12 为治疗后第 21 天各组荷瘤小鼠肿瘤体积的统计图，表 10.3 为治疗后第 21 天各组荷瘤小鼠肿瘤重量抑制率和体积抑制率。经过与对照组荷瘤小鼠肿瘤的重量和体积进行对比、计算，可知 PTX-L 组荷瘤小鼠肿瘤重量抑制率为 4.75%、体积抑制率为 4.69%；PTX-H 组荷瘤小鼠肿瘤重量抑制率为 10.11%、体积抑制率为 26.06%；

对照组

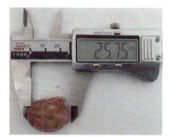

PTX-L

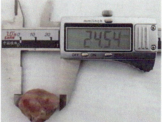

PPS-L

PNPS-L

PTX-H

PPS-H

PNPS-H

图 10.10　治疗后 21 天实体瘤图片

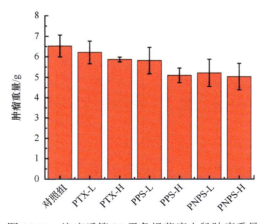

图 10.11　治疗后第 21 天各组荷瘤小鼠肿瘤重量

PPS-L 组荷瘤小鼠肿瘤重量抑制率为 10.87%、体积抑制率为 31.01%；PPS-H 组荷瘤小鼠肿瘤重量抑制率为 21.90%、体积抑制率为 53.27%；PNPS-L 组荷瘤小鼠肿瘤重量抑制率为 20.06%、体积抑制率为 41.59%；PNPS-H 组荷瘤小鼠肿瘤重量抑制率为 22.36%、体积抑制率为 54.82%。由以上结果可以看出，治疗后的第 21 天各组荷瘤小鼠肿瘤重量的抑制率大小顺序为：PNPS-H 组＞PPS-H 组＞PNPS-L 组＞PPS-L 组＞PTX-H 组＞PTX-L 组。治疗后的第 21 天各组荷瘤小鼠肿瘤体积的抑制率大小顺序为：PNPS-H 组＞PPS-H 组＞PNPS-L 组＞PPS-L 组＞PTX-H 组＞PTX-L 组。治疗后第 21 天各组荷瘤小鼠肿瘤重量抑制率和肿瘤体积抑制率大小顺序与治疗后第 7 天和第 14 天基本一致，但是对比治疗后第 14 天各组荷瘤小鼠肿瘤重量抑制率和肿瘤体积抑制率，治疗后第 21 天各组荷瘤小鼠肿瘤重量抑制率和肿瘤体积抑制率明显降低，说明从治疗后第 14 天到第 21 天，PPS 和 PNPS 的治疗对 C57BL/6 荷瘤小鼠肿瘤生长的影响减弱。

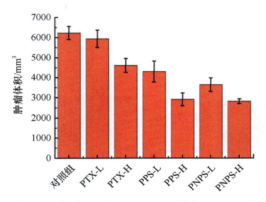

图 10.12　治疗后第 21 天各组荷瘤小鼠肿瘤体积

表 10.3　治疗后第 21 天荷瘤小鼠肿瘤重量抑制率和体积抑制率

	肿瘤重量/g	抑制率/%	肿瘤体积/mm³	抑制率/%
对照组	6.53±0.53	—	6231.15±324.37	—
PTX-L	6.22±0.55	4.75	5938.68±427.88	4.69
PTX-H	5.87±0.11	10.11	4607.14±346.28	26.06
PPS-L	5.82±0.64	10.87	4298.91±523.39	31.01
PPS-H	5.10±0.35	21.90	2911.62±306.74	53.27
PNPS-L	5.22±0.66	20.06	3639.23±333.21	41.59
PNPS-H	5.07±0.64	22.36	2815.07±109.64	54.82

第四篇

注射型肿瘤靶向紫杉醇递送体系构建

第 11 章　RGD-PDA-PHBV-PTX-NPs 的制备、表征、安全性和释放特性评价

　　精氨酸-甘氨酸-天冬氨酸（Arg-Gly-Asp，RGD）三肽序列是多种生物细胞外基质和血浆蛋白结构中常见的基本成分，也是广泛存在于细胞间识别系统的基本单位，能与细胞表面整合素特异性结合，从而介导许多重要的生命活动（钟桃等，2017；张鹏等，2012）。RGD 肽作为一种重要的细胞识别位点与信号启动分子，在许多生命活动中发挥着重要的调节功能。目前，肿瘤治疗的首要问题是要能将治疗药物运送到瘤细胞中，从而在瘤细胞中得以高效表达，同时尽可能不进入或较少进入正常细胞，减少了肿瘤治疗中对正常组织细胞的损害，提高药物本身的疗效（袁志强，2017；肖斌，2006）。所以建立有效的靶向性导入系统，就成为当今肿瘤治疗的研究热点。

　　多巴胺（dopamine，3,4-二羟基苯丙胺）是一种生物神经递质，同时具有邻苯二酚基团和氨基官能团（陈永万，2017）。多巴胺在不同 pH 条件下会产生不同的变化。多巴胺在碱性条件下易自聚形成薄膜，以多巴胺作为药物载体的封装材料，在酸性条件下有利于药物的释放。由于在活体中的肿瘤通常处于酸性的微环境下，多巴胺作为载体药物的"开关"，有利于控制药物从载体的释放速度（郝湘平等，2018；于晓军，2017；刘钦泽，2012）。此外，多巴胺的聚合产物 PDA 中，含有大量的邻苯二酚基团、氨基和亚氨基等官能团（马芳芳，2018）。通过仿生修饰后，这些具有反应活性的化学基团被引入材料表面，为材料表面的二次修饰及其功能化提供了理想的平台。

　　聚羟基丁酸酯-羟基戊酸酯（PHBV）是以淀粉为原料，通过发酵工艺制备而成的生物材料（Vardhan et al.，2017）。PHBV 是一种新型的、绿色的、生物可降解的、无害无毒且生物相容的生物聚酯，同时也是一种生物高分子材料。它是由细菌产生的，也可以被细菌所代谢和消化，通过土壤或堆肥化将其完全分解成二氧化碳、水和生物质。它的生产成本比较低廉，经济实惠。它的质地比较坚硬，具有较低的玻璃化转变温度，是一种结晶聚合物（Kapoor et al.，2016）。PHBV 是制造药物输送系统的良好候选者，因为它具有这些系统所需的所有特性（Althuri et al.，2013），并且一旦进入肿瘤细胞，被包封的有效成分就可以提供更长的时间来释放。

　　紫杉醇（paclitaxel，PTX）是从红豆杉针叶中分离出来的药物。该药物是

一种抗肿瘤药物，通过抑制微管蛋白的聚合来发挥抗癌细胞增殖活性（郑品劲，2016）。由于其表现出水溶性差、生物利用度低和缺乏特异性位点等问题，因此需要通过构建药物载体递送紫杉醇。

本章实验采用一种乳化溶剂挥发法制备了具有良好分散性和生物相容性的PHBV-PTX-NPs，负载了紫杉醇药物，并利用多巴胺自聚-复合形成薄膜包裹整个体系，实现了一种新兴的 pH 响应控制释放药物系统；同时向外接枝 RGD 多肽，设计并制备出具有主动靶向功能的 RGD-PDA-PHBV-PTX-NPs 纳米粒，可以特异地与癌细胞膜上整合素（αvβ3/αvβ5）进行靶向定位，提高对癌细胞的选择性和紫杉醇的生物利用度，同时降低药物对正常组织的毒性。主动靶向功能的 RGD-PDA-PHBV-PTX-NPs 纳米粒制备示意图如图 11.1 所示。

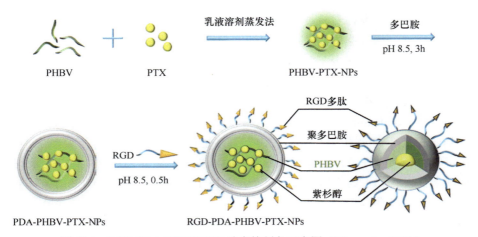

图 11.1　RGD-PDA-PHBV-PTX 纳米粒制备示意图（Wu et al.，2021）

11.1　PHBV-PTX 纳米粒的制备

PHBV-PTX 纳米粒采用乳化-溶剂蒸发法制备（Wu et al.，2021）。将 300 mg PHBV 和 100 mg PTX 一起溶解在 10 mL 的二氯甲烷中，然后在超声波浴中分散 10 min 使之充分溶解。将油相逐滴滴加至含有 1.5 mg/mL 聚乙烯醇（PVA）的水溶液中，期间伴随高速均质器使之充分混合。将匀浆后的白色乳液体系置于高压均质机中生成稳定的乳白色纳米乳液。将纳米乳液置于旋转蒸发系统中除去有机溶剂体系（二氯甲烷），从而得到了 PHBV-PTX 纳米粒的水分散液。然后将形成的纳米粒以 10 000 r/min 离心 10 min。将上清液去除，沉淀重新悬浮于去离子水中，将分散液置于-40℃冰箱预冷冻 4h，之后将其置于-60℃环境下冷冻干燥 72 h，得到 PHBV-PTX-NPs 冻干粉。常温干燥保存，以备后续实验。

11.1.1　PHBV-PTX 纳米粒制备工艺优化

本研究采用了单因素试验与响应面法相结合，对 PHBV-PTX 纳米乳剂制备工艺进行了优化，药物颗粒的大小对药物在体内的分布有重要影响，因此以粒径的大小作为筛选标准。在药物乳液制备期间，纳米粒直径的大小主要受 6 个因素的影响，具体包括：PHBV 的浓度（mg/mL），PVA 的浓度（mg/mL），水相与有机相的体积比（V/V），匀浆时间（min），均质次数，均质压力（MPa）。在单因素试验中，PHBV 的浓度考察范围在 5～60 mg/mL；PVA 的浓度考察范围在 0.25～3 mg/mL；水相与有机相的体积比考察范围在 3∶1～15∶1；匀浆时间考察范围在 1～13 min；均质次数考察范围在 3～9 次；均质压力考察范围在 30～90 MPa。

1. 聚合物 PHBV 的浓度

精确称取一定量的 PHBV，向其中加入二氯甲烷，分别配制 PHBV 浓度为 5 mg/mL、10 mg/mL、20 mg/mL、30 mg/mL、40 mg/mL、50 mg/mL、60 mg/mL 的混合液，分别加入 100 mg 紫杉醇并在超声波浴中分散 10 min 使之充分溶解，每组吸取 10 mL 样品，逐滴滴加至 PVA 浓度为 1.5 mg/mL 的 90 mL 水溶液中，期间伴随高速均质器使之充分混合，匀浆时间为 5 min，将匀浆后呈白色的乳液体系通过激光粒度仪检测其粒径大小。每组实验重复 6 次，结果取平均值。

载体 PHBV 的浓度对 PHBV-PTX 纳米粒直径大小的影响结果如图 11.2 所示。从所得结果可知，随着 PHBV 的浓度从 5 mg/mL 增加到 30 mg/mL 时，PHBV-PTX 纳米粒的平均直径从 145.4 nm 减小至 89.3 nm，然而继续增加 PHBV 的浓度，PHBV-PTX 纳米粒的平均直径随着浓度的增加呈现了下降的趋势，原因一方面可能是当 PHBV 的浓度逐渐增大时，油相中的黏度也变大，不利于油相液滴在水相中的分散，从而形成了较大粒径的乳球；另一方面，随着 PHBV 浓度的增加，相对表面活性剂 PVA 的浓度减小，在形成相同的粒径时，由于 PHBV-PTX 纳米粒中

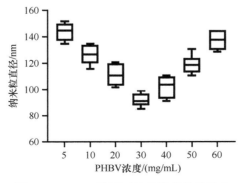

图 11.2　PHBV 浓度对纳米粒直径的影响

乳化剂的含量较小，不利于乳滴的稳定存在，会因破乳导致粒径的增大，故选择 PHBV 的最佳浓度为 30 mg/mL。

2. 表面活性剂 PVA 的浓度

精确称取一定量的 PHBV，加入二氯甲烷使之配制为 30 mg/mL 的混合液，分为 7 组，分别加入 100 mg 紫杉醇并在超声波浴中分散 10 min 使之充分溶解，每组吸取 10 mL 样品，分别滴加至 PVA 浓度为 0.25 mg/mL、0.5 mg/mL、1 mg/mL、1.5 mg/mL、2 mg/mL、2.5 mg/mL、3 mg/mL 的 90 mL 水溶液中，期间伴随高速均质器使之充分混合，匀浆时间为 5 min，将匀浆后呈白色的乳液体系通过激光粒度仪检测其粒径大小。每组实验重复 6 次，结果取平均值。

表面活性剂 PVA 的浓度对 PHBV-PTX 纳米粒直径大小的影响结果如图 11.3 所示。实验结果显示，随着 PVA 的浓度从 0.25 mg/mL 增加到 3 mg/mL，PHBV-PTX 的纳米粒直径大小呈现出先逐渐减小后缓慢增大的趋势，当 PVA 的浓度增大到 1.5 mg/mL 时，所得到的 PHBV-PTX 纳米粒直径最小，表面活性剂 PVA 可以促进物质在溶剂中更好地分散，使水油界面的张力大大减小，因此得到了较小的粒径。综合考虑，选择 PVA 浓度 1.5 mg/mL 为单因素最优条件。

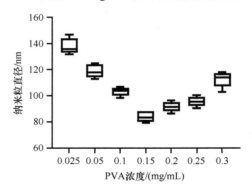

图 11.3　PVA 浓度对纳米粒直径的影响

3. 水相与有机相的体积比

精确称取一定量的 PHBV，加入二氯甲烷使之配制为 30 mg/mL 的混合液，分为 7 组，分别加入 100 mg 紫杉醇并在超声波浴中分散 10 min 使之充分溶解，每组吸取 10 mL 样品，分别滴加在浓度为 1.5 mg/mL 的 PVA 水溶液 30 mL、50 mL、70 mL、90 mL、110 mL、130 mL、150 mL 中，期间伴随高速均质器使之充分混合，匀浆时间为 5 min，将匀浆后呈白色的乳液体系通过激光粒度仪检测其粒径大小。每组实验重复 6 次，结果取平均值。

水相与有机相的体积比对 PHBV-PTX 纳米粒直径大小的影响结果如图 11.4 所

示。结果显示了考察因素水相与有机相的体积比 3∶1～15∶1 范围内的 PHBV-PTX 纳米粒直径变化趋势。随着水相与有机相的体积比从 3∶1 增加到 7∶1 时，PHBV-PTX 纳米粒的粒径从 164.3 nm 减小到 85.2 nm，原因可能是单位体积内有机相中的水相溶液越来越多，相对的表面活性剂浓度也有所增加，有利于乳液的稳定，但随着水相与有机相的体积比持续增加至 15∶1 时，PHBV-PTX 纳米乳的粒径有缓慢增大的趋势，原因可能是液滴彼此之间的相互碰撞聚集产生了大颗粒的现象。综合考虑，选择了 7∶1 的水相与有机相的体积比为最佳单因素条件。

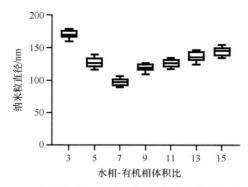

图 11.4　水相与有机相的体积比对纳米粒直径的影响

4. 匀浆时间

精确称取一定量的 PHBV，加入二氯甲烷使之配制为 30 mg/mL 的混合液，分为 7 组，分别加入 100 mg 紫杉醇并在超声波浴中分散 10 min 使之充分溶解，每组吸取 10 mL 样品，分别逐滴滴加至 PVA 浓度为 1.5 mg/mL 的 70 mL 水溶液中，期间伴随高速均质器使之充分混合，匀浆时间分别为 1 min、3 min、5 min、7 min、9 min、11 min、13 min，将匀浆后呈白色的乳液体系通过激光粒度仪检测其粒径大小。每组实验重复 6 次，结果取平均值。

匀浆时间对 PHBV-PTX 纳米粒直径大小的影响结果如图 11.5 所示。由结果得知，考察因素匀浆时间从 1 min 增加至 13 min 时，PHBV-PTX 纳米粒直径呈现出先减小然后逐渐增大的趋势，原因是当匀浆时间从 1 min 逐渐增加至 7 min 时，一定的匀浆时间会使有机相与水相乳化更充分，但是若匀浆时间过长，会造成破乳的现象，从而使乳滴的颗粒增大，因此选择合适的均质时间是非常关键的一步。综合考虑，选择匀浆时间 7 min 为最佳条件。

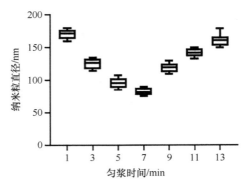

图 11.5　匀浆时间对纳米粒直径的影响

11.1.2　响应面试验设计与优化

各因素之间的交互作用是获得较小 PHBV-PTX 纳米粒直径的重要因素。利用 Design Expert 8.05 软件进行中心组合设计（CCD）试验，以确定这些变量的最佳水平。选择水相与有机相体积比、PHBV 浓度、PVA 浓度、匀浆时间进行优化，以评价其对 PHBV-PTX 纳米粒直径大小的影响。考察的变量范围为：水相与有机相体积比 3∶1～11∶1，PHBV 浓度 20～40 mg/mL，PVA 浓度 0.5～2.5 mg/mL，匀浆时间 3～11 min。通过全二次多项式方程来预测响应如下：

$$y = \beta_0 + \sum_{i=1}^{k} \beta_i x_i + \sum_{i=1}^{k} \beta_{ii} x_i^2 + \sum_{i<j}^{k} \beta_{ij} x_i x_j \tag{11-1}$$

式中，y 是预测响应值；β_0 是系数常数；β_i 是线性系数；β_{ii} 是二次方程；x_i 和 x_j 表示输入变量（或因子）；k 表示对多个项进行求和。中心组合设计试验的主要影响因素及水平如表 11.1 所示。

表 11.1　响应面试验因素及水平

符号	自变量	水平				
		$-\alpha$	-1	0	1	$+\alpha$
X_1	水相与有机相体积比（V/V）	3∶1	5∶1	7∶1	9∶1	11∶1
X_2	PHBV 浓度/(mg/mL)	20	25	30	35	40
X_3	PVA 浓度/(mg/mL)	0.5	1	1.5	2	2.5
X_4	匀浆时间/min	3	5	7	9	11

1.响应面实验设计与结果

根据 CCD 试验优化了水相与有机相体积比（X_1）、载体 PHBV 的浓度（X_2）、表面活性剂 PVA 的浓度（X_3）、匀浆时间（X_4），以粒径为响应值，得到 30 组试验结果，如表 11.2 所示，对实验结果进行方差分析，拟合出二次回归方程，检验统计模型的显著性。

表 11.2　CCD 试验设计及响应值

实验序号	因素 X_1 水相与油相体积比（V/V）	因素 X_2 PHBV 浓度/(mg/mL)	因素 X_3 PVA 浓度/(mg/mL)	因素 X_4 匀浆时间/min	响应值 R_1 纳米粒直径/nm
1	5∶1	35	2.0	5	117.7
2	9∶1	35	1.0	9	167.0
3	5∶1	35	1.0	5	145.0
4	5∶1	25	2.0	9	112.0
5	7∶1	30	1.5	7	80.0
6	7∶1	30	1.5	3	161.8
7	7∶1	30	1.5	7	81.0
8	9∶1	25	1.0	9	155.0
9	7∶1	30	2.5	7	103.0
10	5∶1	25	1.0	9	122.0
11	9∶1	25	1.0	5	166.7
12	7∶1	20	1.5	7	140.0
13	3∶1	30	1.5	7	80.0
14	9∶1	35	1.0	5	192.0
15	9∶1	35	2.0	5	118.0
16	7∶1	30	0.5	7	168.0
17	7∶1	40	1.5	7	114.0
18	9∶1	25	2.0	9	110.0
19	5∶1	35	2.0	9	97.0
20	5∶1	25	2.0	5	119.0
21	5∶1	35	1.0	9	105.0
22	7∶1	30	1.5	7	77.0
23	7∶1	30	1.5	7	79.0
24	11∶1	30	1.5	7	117.0
25	5∶1	25	1.0	5	155.0
26	9∶1	35	2.0	9	123.0
27	9∶1	25	2.0	5	96.0
28	7∶1	30	1.5	7	82.0
29	7∶1	30	1.5	11	129.0
30	7∶1	30	1.5	7	82.0

2. PHBV-PTX-NPs 纳米粒直径模型拟合

进一步研究了水相与油相体积比 X_1、PHBV 浓度 X_2、PVA 浓度 X_3、均质时间 X_4 各因素在 PHBV-PTX 纳米粒制备的二次多项式模型中的交互作用。如表 11.3 所示，F 值为 273.47，P 值＜0.0001，说明制备 PHBV-PTX 纳米粒的模型是显著的；失拟项中的 F 值为 2.68，P 值为 0.1441，表明缺失拟合与纯误差的相关性不显著，说明二次回归模型与实际情况拟合良好。由表 11.3 数据结果得出，交互项 X_2X_3 对结果影响不显著（$P＞0.05$），一次项 X_1、X_2、X_3、X_4，二次项 X_1^2、X_2^2、X_3^2、X_4^2，交互项 X_1X_2、X_1X_3、X_1X_4、X_2X_4、X_3X_4 对结果影响显著（$P＜0.01$）。四个因素对 PHBV-PTX 粒径的影响主次顺序为 $X_3＞X_1＞X_4＞X_2$，即 PVA 浓度＞水相与有机相体积比＞匀浆时间＞PHBV 浓度。

表 11.3　回归系数显著性检验 [a]

类型	变差平方和	自由度	平均方差	F 值	值
回归模型 [b]	30 572.12	14	2 183.72	273.47	＜0.000 1
X_1	2 182.04	1	2 185.04	273.64	＜0.000 1
X_2	57.04	1	57.04	7.14	0.017 4
X_3	8 251.04	1	8 251.04	1 033.30	＜0.000 1
X_4	1 410.67	1	1 410.67	176.66	＜0.000 1
X_1X_2	835.21	1	835.21	104.60	＜0.000 1
X_1X_3	1 451.61	1	1 451.61	181.79	＜0.000 1
X_1X_4	430.56	1	430.56	53.92	＜0.000 1
X_2X_3	4.41	1	4.41	0.55	0.468 9
X_2X_4	115.56	1	115.56	14.47	0.001 7
X_3X_4	637.56	1	637.56	79.84	＜0.000 1
X_1^2	615.60	1	615.60	77.09	＜0.000 1
X_2^2	6 685.72	1	6 685.72	837.27	＜0.000 1
X_3^2	5 366.40	1	5 366.40	672.05	＜0.000 1
X_4^2	7 433.52	1	7 433.52	930.92	＜0.000 1
残差	119.78	15	7.99		
失拟项	100.94	10	10.09	2.68	0.144 1
纯误差	18.83	5	3.77		
总和 [c]	30 691.90	29			

注：a. 数据由 Design Expert 8.0.6 软件得出；b. X_1 是水相与有机相的体积比（%）；X_2 是 PHBV 浓度（mg/mL）；X_3 是 PVA 浓度（mg/mL）；X_4 是均质时间（min）；c. 修正平均值的总和。

乳化溶剂挥发法制备的 PHBV-PTX 纳米粒的试验通过 Design Expert 8.0.6 软件行回归拟合分析，为了优化 PHBV-PTX 纳米粒的制备条件以得到最小的纳米粒直径，分析了在实验过程中每个变量及其交互作用纳米粒直径的影响，响应面设计的二阶方程模型如下：

$$纳米粒直径（nm）=80.17+9.54X_1+1.54X_2-18.54X_3-7.67X_4+7.23X_1X_2$$
$$-9.52X_1X_3+5.19X_1X_4+0.53X_2X_3-2.69X_2X_4+6.31X_3X_4$$
$$+4.74X_1^2+15.61X_2^2+13.99X_3^2+16.46X_4^2$$

回归方程的可信度分析结果如表 11.4 所示，R^2 值为 0.9961，相关系数更接近 1，表明该模型的预测结果较为准确，该模型可以解释 99.61% 的实验数据。校正决定系数 R_{adj}^2 为 0.9925，说明自变量之间有很好的线性相关性。CV 值为 2.34%，说明模型方程能很好地反映真实的试验值，结果表明此模型可以用来设计 PHBV-PTX 纳米粒制备实验。

表 11.4　回归方程的可信度分析

统计项目 [a]	值
标准偏差	2.83
平均	120.81
变异系数（CV）/%	2.34
PRESS	608.56
R^2	0.9961
R_{adj}^2	0.9925
R_{pred}^2	0.9802
R_{adeq}^2	54.182

注：a 数据由 Design Expert 8.0.6 软件得出。

3. 交互因素对纳米粒直径的影响

为了研究水相与有机相的体积比、PHBV 浓度、PVA 浓度、均质时间及其交互作用对 PHBV-PTX 纳米粒直径的影响，以纳米粒直径作为纵坐标、其中两个因素分别作为横坐标绘制了 3D 曲面图。

（1）当表面活性剂 PVA 浓度固定在 1.5 mg/mL、匀浆时间固定在 5 min 时，水相与有机相的体积比和 PHBV 浓度对纳米粒直径的交互作用如图 11.6 所示。在某一特定 PHBV 浓度下，随着水相与有机相的体积比的增加，使得纳米粒直径呈现出先平稳后缓慢上升的趋势，而在某一固定的水相与有机相的体积比条件下，纳米粒直径随着 PHBV 浓度的增加，呈现出了先降低后逐渐升高的趋势，这种现象的原因是水相的体积不断增大，溶液中胶束浓度相对较低，水相中的乳胶粒数量较少，乳胶粒周围的水化层相对较厚，阻止了乳胶粒的聚合，导致胶核生长不完全，使纳米粒直径变宽；而增加载体 PHBV 的浓度使油相中的黏度也变大，不利于泊相液滴在水相中的分散，从而形成了较大粒径的乳球。

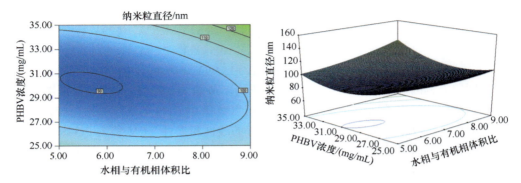

图 11.6　水相与有机相体积比和 PHBV 浓度的交互作用对纳米粒直径的影响

（2）当载体 PHBV 浓度固定在 25 mg/mL、匀浆时间固定在 5 min 时，水相与有机相的体积比和 PVA 浓度对纳米粒直径的交互作用如图 11.7 所示。在某一特定的 PVA 浓度下，随着水相与有机相体积比的增加，纳米粒直径缓慢减小，然后趋于平稳，而在某一特定的水相与有机相体积比下，纳米粒直径随着 PVA 浓度的增加呈现出了先逐渐减小然后达到了平稳的状态，这种现象是因为随着水相与有机相体积比的增加，相对水相体积的增大使得表面活性剂的含量增加，相对有机相中的表面活性剂含量增大，有利于乳滴的稳定，减小了乳胶粒子的碰撞概率，从而得到较小的纳米粒直径；此外，随着 PVA 浓度的增加，使得水相与有机相界面的张力大大降低，所形成乳滴所需要的能量有所减少，从而获得更小的乳滴尺寸；另一方面，在适当的范围内，增大 PVA 的浓度，使得乳滴表面的表面活性剂含量增加，乳滴表面的亲水保护层的作用增强，空间位阻效应增加，从而降低了纳米粒直径变大的可能。

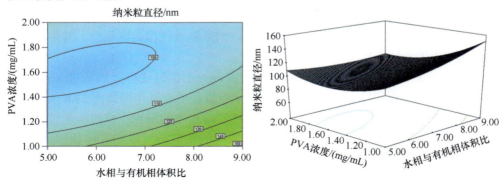

图 11.7　水相与有机相体积比和 PVA 浓度的交互作用对纳米粒直径的影响

（3）当载体 PHBV 浓度固定为 25 mg/mL、表面活性剂 PVA 的浓度固定在 1.5 mg/mL 时，水相与有机相体积比和匀浆时间对纳米粒直径的交互作用如图 11.8 所示。在特定的匀浆时间下，随着水相与有机相体积比的增加，纳米粒直径呈现出相对平稳的趋势，而在某一特定的水相与有机相体积比时，纳米粒直径随着匀浆时间的增加呈现出先减小后缓慢增大的趋势。纳米粒直径的大小受匀浆时间的影响较大，这是由于一定程度上增大匀浆时间，有利于有机相与水相充分结合，使乳化更充分，从而得到小尺寸的乳球；但增加匀浆的时间会造成破乳的现象，从而使乳滴的颗粒增大。

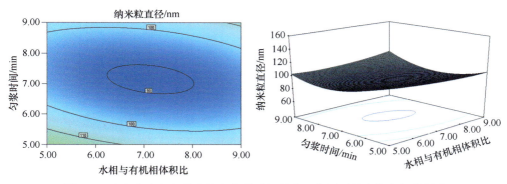

图 11.8　水相与有机相体积比和匀浆时间的交互作用对纳米粒直径的影响

（4）当水相与有机相的体积比固定为 9∶1、表面活性剂 PVA 的浓度固定在 1.5 mg/mL 时，PHBV 浓度和匀浆时间对纳米粒直径的交互作用如图 11.9 所示。在某一特定的匀浆时间下，随着 PHBV 浓度的增加，纳米粒直径呈现出先减小后逐渐增大的趋势，而在某一特定的 PHBV 浓度下，粒子的尺寸随着匀浆时间的增大呈现出先减小后增大的特点，这是由于 PHBV 浓度的增加使得有机相的黏度增加，有利于乳滴的稳定，但是随着 PHBV 浓度的继续增加，有机相的黏度不利于其向

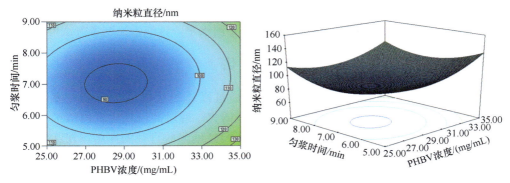

图 11.9　PHBV 浓度和匀浆时间的交互作用对纳米粒直径的影响

水相扩散，并且 PHBV 的增加相对于表面活性剂的含量变少，不利于乳滴的稳定，从而导致了纳米粒直径的增大。

（5）当 PHBV 浓度固定为 25 mg/mL、水相与有机相体积比固定为 5∶1 时，PVA 浓度和匀浆时间对纳米粒直径的交互作用如图 11.10 所示。在某一特定的匀浆时间下，随着 PVA 浓度的增大，纳米粒直径逐渐减小后趋于平稳，而在特定的匀浆时间下，纳米粒直径随着匀浆时间的增大呈现出先减小后缓慢上升的趋势。这是因为，PVA 浓度的增大有利于乳化作用的进行，使得乳滴表面的表面活性剂含量增大，增强乳滴的饱和作用，使得粒径减小；而增大一定的匀浆时间，有利于有机相与水相充分结合，从而得到小尺寸的乳球，但增加匀浆的时间，会造成破乳的现象，从而使乳滴的颗粒增大。

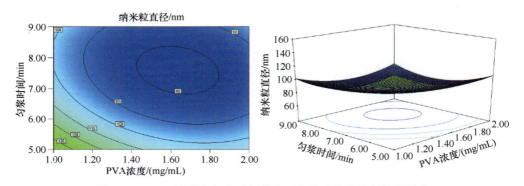

图 11.10　PVA 浓度和匀浆时间的交互作用对纳米粒直径的影响

最终，通过响应面软件分析法得到乳化溶剂挥发法制备 PHBV-PTX 纳米粒的最优条件为：水相与有机相体积比 7∶1、PHBV 浓度 30 mg/mL、PVA 浓度 1.6 mg/mL、匀浆时间 7.5 min，纳米粒直径的预测值为 77.3 nm。在该条件下，验证回归模型的有效性，进行 3 次实验证明，最终获得 PHBV-PTX 纳米粒的平均值为 78.0 nm，与预测值相差 0.7 nm，由此证明了该实验能够实现预测值与实验值的很好吻合。此模型的拟合度高，此回归方程具有较好的预测水平，该纳米粒制备方法可行。

11.1.3　均质压力与均质次数单因素优化

PHBV-PTX 纳米乳剂是在上述实验中通过高速匀浆机制备而来，接下来对 PHBV-PTX 纳米乳剂进行进一步的优化工艺研究，通过高压均质机内溶剂与腔体内金属结构相互碰撞，从而达到减小 PHBV-PTX 纳米粒直径的作用。在此制备工艺中考察的影响因素为均质压力（MPa）和均质次数（次）。具体实验方法如下。

考察因素为均质压力：精确吸取 11.1.1 节优化后的 PHBV-PTX 纳米乳剂，每组 100 mL，共 5 组，分别在 50 MPa、60 MPa、70 MPa、80 MPa、90 MPa 的高压均质机作用下，乳化 5 次，将匀浆后呈白色的乳液体系通过激光粒度仪检测其粒径大小。每组实验重复 6 次，结果取平均值。

考察因素为均质次数：精确吸取 11.1.1 节优化后的 PHBV-PTX 纳米乳剂，每组 100 mL，共 5 组，分别在 80 MPa 的高压均质机作用下乳化，循环次数为 5 次、6 次、7 次、8 次、9 次，将匀浆后呈白色的乳液体系通过激光粒度仪检测其粒径大小。每组实验重复 6 次，结果取平均值。

通过高速匀浆机在最优条件下制备得到的 PHBV-PTX 初乳液进行高压均质机工艺优化。为了使粒子在高压均质机的高压作用下形成粒径更小、乳液更稳定的 PHBV-PTX 乳球，考察因素为均质压力和均质次数，每个影响因素对 PHBV-PTX 纳米粒制备工艺的影响如下。

均质压力对 PHBV-PTX 纳米粒直径大小的影响结果如图 11.11 所示。由结果可知，当高压均质压力从 50 MPa 增加至 90 MPa 时，PHBV-PTX 纳米粒的平均直径呈现出先减小后平稳的趋势，纳米粒直径从 72.4 nm 减小至 67.5 nm，在一定压力作用下，乳液通过微小的孔隙使流体分散成较小的乳球，从而形成相对稳定的乳液，当压力为 80 MPa 时所产生的乳滴粒径最小，继续增大压力对粒径大小几乎没有影响，因此选择 80 MPa 的压力为高压均质工艺的最佳条件。

均质次数对 PHBV-PTX 纳米粒直径大小的影响结果如图 11.12 所示。从所得结果可知，随着均质次数从 5 次增加到 7 次时，PHBV-PTX 纳米粒的直径呈现出逐渐减小的趋势，纳米粒的平均直径大小从 72.5 nm 减小至 64.3 nm，随着均质次数的继续增加，纳米粒的大小趋于稳定的趋势，平均直径范围在 64.3～65.2 nm。综合考虑，均质次数的单因素最优条件为 7 次。

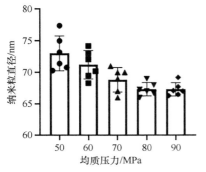
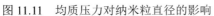
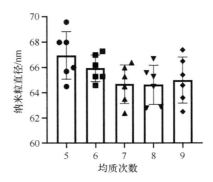

图 11.11　均质压力对纳米粒直径的影响　　图 11.12　均质次数对纳米粒直径的影响

最终获得 PHBV-PTX 纳米粒直径的平均值为 62.3 nm。

11.2　PDA 制备载有紫杉醇的纳米粒涂层

将 100 mg PHBV-PTX 纳米粒（在 11.1 节中制备）重新悬浮于 50 mL 的 Tris 缓冲液（10 mmol/L，pH 8.5）中，向混悬液中加入 100 mg 盐酸多巴胺并在室温下持续搅拌。搅拌整个体系 3 h 后，溶液颜色变为暗灰色，证明多巴胺成功聚合。用盐酸水溶液将整个体系的 pH 调节至中性，目的是终止多巴胺的聚合反应。随后，通过 10 000 r/min 的转速离心 10 min，收集 PDA-PHBV-PTX 纳米粒用于下一次缀合。

11.3　RGD 与 PDA-PHBV-PTX 纳米粒的缀合

使用 RGD 作为功能性靶向配体，通过迈克尔加成反应与 PDA 涂层结合。简而言之，将 PDA-PHBV-PTX 纳米粒重新悬浮于 Tris 缓冲液（10 mmol/L，pH 8.5）中，其含有 2 mg/mL 浓度的配体 RGD。在室温持续搅拌下孵育 30 min，将官能化的纳米粒以 10 000 r/min 离心 10 min，并用去离子水洗涤 3 次，然后再加 5% 甘露醇，冷冻干燥。根据用于官能化的配体，将官能化的纳米粒指定为 RGD-PDA-PHBV-PTX-NPs。

11.4　RGD 定量检测分析

采用考马斯亮蓝染色法（Bradford 法）测定 RGD-PDA-PHBV-PTX-NPs 中 RGD 的含量。检测方法的原理是：酸性条件下，考马斯亮蓝 G250 与蛋白质中的碱性氨基酸和芳香族氨基酸残基结合，溶液变为蓝色，反应液的吸光值与蛋白质含量呈线性相关。在本实验中，通过检测 11.3 节中反应后的离心上清液和洗涤液中游离的 RGD 浓度，用 RGD 初始投药量减去反应后游离的 RGD 质量，即可确定 RGD-PDA-PHBV-PTX-NPs 中接枝 RGD 的量。具体操作如下：收集 11.3 节中反应后的上清液与洗涤液，精确吸取 2 mL，加入 2 mL 考马斯亮蓝 G250 试剂，充分混合，室温静置 10 min，在 595 nm 检测波长下测定样品吸光度，通过标准曲线计算 RGD 浓度。RGD-PDA-PHBV-PTX-NPs 中 RGD 的含量为 X（μg/mg）。计算公式如下：

$$X = \frac{(C_0 - C_1) \times V}{M} \tag{11-2}$$

式中，C_0 为 RGD 初始投药浓度（mg/mL）；C_1 为接枝反应结束后上清液与洗涤液中游离的 RGD 浓度（mg/mL）；V 是上清液与洗涤液的体积（mL）；M 为 RGD-PDA-PHBV-PTX-NPs 的质量（mg）。

通过 Bradford 法测得 RGD-PDA-PHBV-PTX-NPs 中 RGD 的含量为 56.32 μg/mg。

11.5 纳米粒的形貌和载药量分析

用动态光散射法测定 PHBV-PTX-NPs、PDA-PHBV-PTX-NPs 和 RGD-PDA-PHBV-PTX-NPs 的粒径，以及 Zeta 电位和多分散指数（PDI）。将样品的冻干粉末溶于去离子水中，制成浓度为 5 mg/mL 的悬浮液。将 3 mL 悬浮液添加至比色皿内，然后放置于样品池中，并通过激光粒度仪在 25℃下测定颗粒大小、Zeta 电位和多分散指数。每个样品测量 3 次，计算平均值±SD。

通过扫描电子显微镜（SEM）对纳米粒的形貌进行研究。将 PTX 原粉、PHBV-PTX-NPs、PDA-PHBV-PTX-NPs 和 RGD-PDA-PHBV-PTX-NPs 的粉末状样品覆盖在金导电胶上，用洗耳球轻轻吹打多余的样品粉末，在其表面进行喷金处理，然后观察样品的形态、大小、结构。将各样品的冻干粉末分散在去离子水中，并滴在铜网格上，待水分挥干后置于透射电子显微镜（TEM）下进行检测。

采用激光粒度仪对 PHBV-PTX-NPs、PDA-PHBV-PTX-NPs 和 RGD-PDA-PHBV-PTX-NPs 的粒径大小，以及 PDI 及表面电位进行了检测，检测结果如表 11.5 所示，采用乳化溶剂挥发法的优化工艺制备所得的 PHBV-PTX-NPs 平均纳米粒直径为（66.7±5.2）nm，且分布均一（PDI=0.142），表面电位（−21.4±1.7）mV，分散在水溶液中的 PHBV-PTX-NPs 呈现乳白色颗粒状（图 11.13A）；通过多巴胺的氧化自聚在 PHBV-PTX-NPs 表面形成涂层，得到的 PDA-PHBV-PTX-NPs 的平均纳米粒直径为（113.5±7.4）nm，相比 PHBV-PTX-NPs 的粒径增加了 50 nm 左右，PDI 为 0.153，表明粒子分布较窄，表面电位为负值且绝对值增大 [（−24.3±2.8）mV]，PDA-PHBV-PTX-NPs 分散在水溶液中呈现褐色的颗粒状（图 11.13B），表面多巴胺成功地包裹在 PHBV-PTX-NPs 的表面；此外，通过 RGD 接枝 PDA-PHBV-PTX-NPs 得到 RGD-PDA-PHBV-PTX-NPs 的平均纳米粒直径增加到（124.6±7.7）nm，且分布较窄（PDI=0.163），表面电位为（−24.9±3.5）mV，分散在水溶液中的 RGD-PDA-PHBV-PTX-NPs 为褐色的小颗粒（图 11.13C）。工艺优化后制备得到的 RGD-PDA-PHBV-PTX-NPs 具有良好的包封率 [（71.21±1.06）%] 和载药量 [（14.21±0.66%）]。图 11.14 所示为 PHBV-PTX-NPs、PDA-PHBV-PTX-NPs 和 RGD-PDA-PHBV-PTX-NPs 的粒径分布图，由图可知，样品的粒径分布均一，且呈现为单峰，粒子分布较稳定，平均纳米粒径均小于 200 nm，PDA 均小于 0.2，足够小的纳米粒可以从高渗透性的肿瘤血管渗出，通过对流传输从内皮进入血管周围空间并保留在部位，因此，该结果满足靶向纳米粒在生物体内实现 EPR 效应（实体瘤的高通透性和滞留效应）的基本要求，为后续的实验奠定了基础。

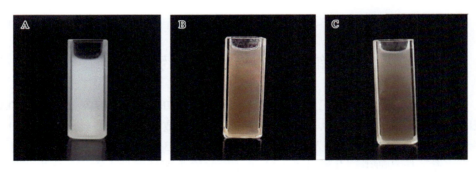

图 11.13　纳米粒分散在水溶液中的状态
A. PHBV-PTX-NPs；B. PDA-PHBV-PTX-NPs；C. RGD-PDA-PHBV-PTX-NPs

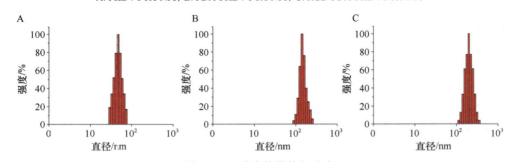

图 11.14　纳米粒的粒径分布
A. PHBV-PTX-NPs；B. PDA-PHBV-PTX-NPs；C. RGD-PDA-PHBV-PTX-NPs

表 11.5　不同纳米粒直径、PDI、包封率和载药量结果

样品名称（$n=3$）	纳米粒直径/nm	PDI	LE/%	EE/%
PHBV-PTX-NPs	66.7±5.2	0.142	21.48±0.83	74.42±1.21
PDA-PHBV-PTX-NPs	113.5±7.4	0.153	15.33±0.74	73.45±1.03
RGD-PDA-PHBV-PTX-NPs	124.6±7.7	0.163	14.21±0.66	71.21±1.06

注：数据以平均±标准差表示。

　　通过 SEM 对 PHBV-PTX-NPs、PDA-PHBV-PTX-NPs 和 RGD-PDA-PHBV-PTX-NPs 的表征形态进行检测，结果如图 11.15 所示。图 11.15A 中 PHBV-PTX-NPs 的形态为大小均一的圆形结构，大小分散均匀；图 11.15B 为 PDA-PHBV-PTX-NPs 的粒子形态，呈现圆球形，粒子大小有所增加，这是由于多巴胺在 PHBV-PTX-NPs 表面形成薄膜所致；图 11.15C 为 RGD-PDA-PHBV-PTX-NPs 的形态表征，纳米粒呈现均一的圆球形，粒径小于 200 nm，这与激光粒度仪检测的结果一致，粒径随着 PDA 的包裹而逐渐增大，且呈现均一分散的圆球形。

　　图 11.16 为 TEM 对 PHBV-PTX-NPs、PDA-PHBV-PTX-NPs 和 RGD-PDA-PHBV-PTX-NPs 的 TEM 表征形态学图。图 11.16A 为单个 PHBV-PTX-NPs 的形态，呈

图 11.15　纳米粒的 SEM 图

A. PHBV-PTX-NPs；B. PDA-PHBV-PTX-NPs；C. RGD-PDA-PHBV-PTX-NPs

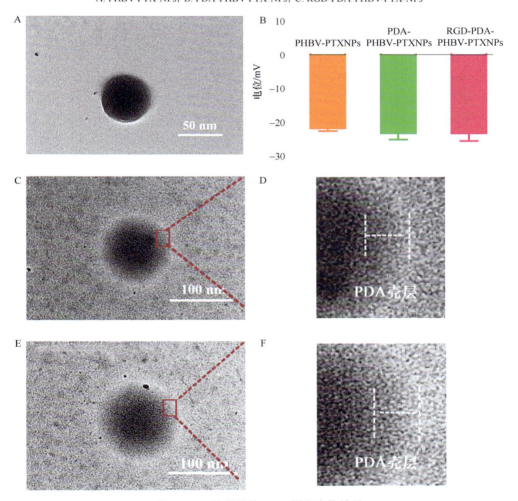

图 11.16　纳米粒的 TEM 图和电位结果

A. PHBV-PTX-NPs 的 TEM 图；B. 粒子的电位结果；C、D. PDA-PHBV-PTX-NPs 的 TEM 图；E、F. RGD-PDA-
PHBV-PTX-NPs 的 TEM 图

圆球状，粒径约为 50 nm，图 11.16B 和图 11.16C 分别为 PDA-PHBV-PTX-NPs 和 RGD-PDA-PHBV-PTX-NPs 的 TEM 图，在 PDA-PHBV-PTX-NPs 和 RGD-PDA-PHBV-PTX-NPs 表面可以明显看到一定厚度的壳层，呈半透明状的结构，说明通过氧化聚合反应成功地在 PHBV-PTX-NPs 表面沉积了 PDA，由图 11.16D 和图 11.16F 的放大结构图可知，多巴胺的涂层厚度约 50 nm，与上述激光粒度仪得到的结果相一致，由此可以证明 PDA 成功地包裹于 PHBV-PTX-NPs 的表面。

11.6　功能化纳米粒的固态研究

11.6.1　FTIR 检测

采用傅里叶红外光谱仪（FTIR）对 PTX 原粉、PHBV-PTX-NPs、PDA-PHBV-PTX-NPs 和 RGD-PDA-PHBV-PTX-NPs 的粉末状样品进行光谱结构鉴定。精确称取待测样品 2 mg 与 KBr 混合，干燥、研磨均匀，置于压片模具中压制透明的薄片，放入样品池内。分析条件：分辨率为 1 cm^{-1}，波长是 4000～400 cm^{-1}，在此条件下进行红外光谱分析鉴定。

FTIR 分析证实了纳米粒表面化学基团的组成，PTX 原粉、PHBV-PTX-NPs、PDA-PHBV-PTX-NPs 和 RGD-PDA-PHBV-PTX-NPs 的红外光谱图如图 11.17 所示，多巴胺修饰的纳米粒（PDA-PHBV-PTX-NPs 和 RGD-PDA-PHBV-PTX-NPs）在 3430 cm^{-1} 处有一个很强的吸收峰，这可以归因于表面吸附水的 O-H 的伸缩振动；

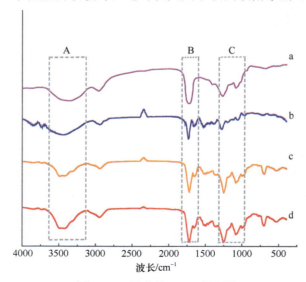

图 11.17　纳米粒 FTIR 光谱图

a. RGD-PDA-PHBV-PTX-NPs；b. PDA-PHBV-PTX-NPs；c. PHBV-PTX-NPs；d. PTX 原粉

且 PDA-PHBV-PTX-NPs 和 RGD-PDA-PHBV-PTX-NPs 在 3430 cm⁻¹ 处出现的峰面积比 PHBV-PTX-NPs 在 3430 cm⁻¹ 处的吸收峰有所增加，这可能与 PDA 和 RGD 的 N-H 和 O-H 的伸缩振动有关；PHBV-PTX-NPs 的红外光谱中，在 1728 cm⁻¹ 处的吸收峰为 PHBV 的羰基，而 PDA-PHBV-PTX-NPs 的图谱中在 1728 cm⁻¹ 处吸收峰有所减弱，可能是由于 PDA 包覆在了 PHBV-PTX-NPs 表面导致的。此外，RGD-PDA-PHBV-PTX-NPs 的光谱中，在 1728 cm⁻¹ 处的吸收带有所增加，这与 RGD 中羰基的存在一致，表明目标基团成功结合在 PDA-PHBV-PTX-NPs 上。

11.6.2 XRD 检测

采用 X 射线衍射仪（XRD）测定了 PTX 原粉、PHBV-PTX-NPs、PDA-PHBV-PTX-NPs 和 RGD-PDA-PHBV-PTX-NPs 样品的物理性质，从而确定了样品的晶相。称取样品各 5 mg，置于载玻片上，放入样品池内。XRD 测定样品的条件为：衍射角 $5° < 2\theta < 80°$、电压 40 kV、电流 30 mV。

XRD 研究了 PTX 原粉、PHBV-PTX-NPs、PDA-PHBV-PTX-NPs 及 RGD-PDA-PHBV-PTX-NPs 的晶型结构，结果如图 11.18 所示。紫杉醇的 XRD 曲线上在 2θ 衍射角为 8.74° 和 12.37° 处有两个峰，这表明紫杉醇具有晶体结构；由 PHBV 装载的 PHBV-PTX 纳米粒的 XRD 图谱显示，纳米粒的结晶度明显降低；RGD-PDA-PHBV-PTX-NPs 的 XRD 曲线中，没有显示出 PTX 的衍射特征峰，表明 PTX 在颗粒基体中以无定形态存在，并且 PHBV-PTX-NPs、PDA-PHBV-PTX-NPs 和 RGD-PDA-PHBV-PTX-NPs 的 XRD 曲线上的衍射峰都不是由 PTX 引起的，而是由高分子不同程度地聚合产生的。此外，PHBV-PTX-NPs 的 XRD 曲线表明，PHBV 的结

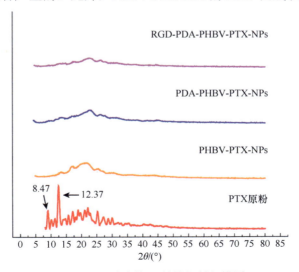

图 11.18　纳米粒 X 射线衍射扫描图

晶度降低有利于 PHBV 的解聚，从而促进 PTX 的释放。

11.6.3　TG 检测

采用热重分析仪（TG）对 PTX 原粉、PHBV-PTX-NPs、PDA-PHBV-PTX-NPs 和 RGD-PDA-PHBV-PTX-NPs 样品进行热稳定性分析。称取样品各 3 mg，置于坩埚内，放入样品池中，在纯氮气的气体环境下进行检测。检测条件为：温度范围 50～400℃，升温速度 10℃ /min。

热重分析确定了样品的质量与温度之间的关系，由失水引起的样品重量变化的 TG 曲线如图 11.19 所示，曲线 a 为 PTX 的热重图谱，由此可知，当温度升至 232.42℃时样品开始失重，总失重率为 65%；而 RGD-PDA-PHBV-PTX-NPs 在温度升高至 182℃时开始失重，总失重率为 86%，这说明 RGD-PDA-PHBV-PTX-NPs 的粒径比 PTX 原粉的粒径小得多。因此，样品的粒径越小，比表面积越大，从而使其比表面能越高，导致纳米粒过早分解。

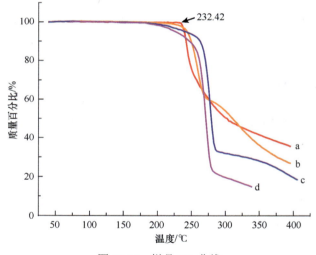

图 11.19　样品 TG 曲线

a. RGD-PDA-PHBV-PTX-NPs；b. PDA-PHBV-PTX-NPs；c. PHBV-PTX-NPs；d. PTX 原粉

11.6.4　DSC 检测

采用差示扫描量热仪（DSC）对 PTX 原粉、PHBV-PTX-NPs、PDA-PHBV-PTX-NPs 和 RGD-PDA-PHBV-PTX-NPs 样品进行形态相关的热力学变化检测。精确称取样品各 3 mg，将待测样品置于坩埚内，放入样品池中，整个检测系统在氮气保护下进行检测。检测条件为：温度范围 40～400℃，升温速度 10℃ /min。

通过差示量热扫描分析结果以确定 PTX 以无定型态存在于聚合物中，并检测聚合物的结构变化，样品的 DSC 曲线如图 11.20 所示。PTX 的 DSC 曲线在 221.11℃ 和 243.15℃ 处出现了峰值，分别表示为 PTX 的熔点和分解温度，聚合物载体 PHBV 的 DSC 曲线中 281.97℃ 处出现其熔点峰，此外，PHBV-PTX-NPs、PDA-PHBV-PTX-NPs 和 RGD-PDA-PHBV-PTX-NPs 的 DSC 曲线上均出现 PTX 的熔点峰，说明 PTX 以无定型态存在于纳米粒中，这一结果与 XRD 得出的结果一致；样品的 DSC 曲线中熔点的变化是由于纳米粒的不同聚合程度引起的，而不是由 PTX 所致的，PTX 以无定型态分散于聚合物基质中，其优点是增加在水中的溶解度，从而提高了难溶性药物的生物利用度。

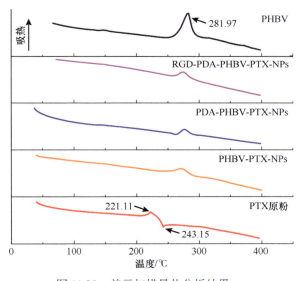

图 11.20 差示扫描量热分析结果

11.7 纳米粒稳定性及溶血性考察

在体外考察了纳米粒在 PBS 水溶液中的稳定性，将 PHBV-PTX、PDA-PHBV-PTX 和 RGD-PDA-PHBV-PTX 纳米粒冻干粉末重新悬浮于 PBS 水溶液中，将整个体系放置于 37℃ 培养箱内，每两天吸取样品各 3 mL 于激光粒度仪检测其粒径的大小，考察时间为 14 天。在此期间，以一定的时间间隔测量 PBS 中纳米粒的粒径分布。

纳米粒的溶血性能考察的主要目的是研究纳米药物对红细胞的生物相容性与刺激性。从 KM 小鼠的眼底取出 2 mL 的新鲜血液，在 4℃ 环境下以 3000 r/min 的转速离心处理 10 min，收集红细胞，用生理盐水将红细胞进行稀释，最终稀释为 4%

的红细胞生理盐水悬浮液。将纳米粒样品 PHBV-PTX、PDA-PHBV-PTX、RGD-PDA-PHBV-PTX 分别用生理盐水溶液配制成紫杉醇浓度为 1 mg/mL、0.5 mg/mL、0.25 mg/mL、0.125 mg/mL、0.0625 mg/mL 的盐等渗溶液，分别吸取配制好的每个浓度梯度的纳米粒等渗溶液 500 μL，与 500 μL 的 4% 红细胞悬浮液充分混合，并且放置于 37℃ 的培养箱内孵育 4 h。孵育结束后，将每个混悬液样品置于 4℃ 环境下以 3000 r/min 的转速离心处理 10 min，收集上清溶液，每个样品精密吸取 200 μL 的上清液放置于 96 孔板内，使用酶标仪在 540 nm 波长下检测吸光度值。此外，以生理盐水处理的红细胞悬浮液作为阴性对照，以 1% 浓度的 Triton X-100 溶液处理过的红细胞悬浮液作为阳性对照，按照以下公式计算溶血率：

$$溶血率（\%）=\frac{样品吸光度-阴性对照吸光度}{阳性对照吸光度-阴性对照吸光度}\times100\% \tag{11-3}$$

对于 RGD-PDA-PHBV-PTX-NPs 在生理条件下的稳定性与相容性的评价，是进一步将其在体内应用的前提。纳米粒的稳定性实验结果如图 11.21A 所示，PHBV-PTX-NPs、PDA-PHBV-PTX-NPs 和 RGD-PDA-PHBV-PTX-NPs 在 37℃ 环境下孵育 14 天，纳米粒均未出现明显的团聚现象，粒子的大小趋于稳定，未见明显增大的趋势，说明纳米粒可以在 PBS 水溶液环境下稳定存在。此外，在血浆中含有多种酶和白蛋白，它们有可能会黏附于纳米粒的表面，导致纳米粒因聚集而造成血液阻塞。为了评估所设计的功能性纳米粒在血液中的稳定性，使用红细胞与纳米粒共培养检测其溶血率，结果如图 11.21B 所示。PHBV-PTX-NPs 在红细胞悬浮液中随着浓度从 0 增加至 1 mg/mL，未出现溶血现象，其溶血率小于 5%，而 PDA-PHBV-PTX-NPs 和 RGD-PDA-PHBV-PTX-NPs 在红细胞悬浮液中也未发生溶血现象，溶血率均低于 5%。综上所述，RGD-PDA-PHBV-PTX-NPs 在 PBS 溶液及红细胞悬浮液中具有良好稳定性，满足静脉注射的要求。

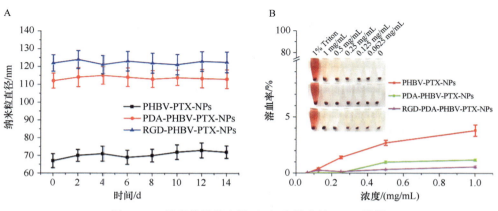

图 11.21　纳米粒的稳定性（A）和溶血性（B）结果

11.8　体外释放动力学研究

体外模拟了体内三个不同的生理环境，分别为 pH 7.4 的血液体液环境、pH 6.5 的肿瘤组织细胞的微环境、pH 5.0 的肿瘤细胞内溶酶体的微环境。通过分析不同 pH 环境下纳米粒对于紫杉醇的释放速度与累积释放量，从而反映出不同 pH 对于纳米粒的选择释放行为。通过透析袋扩散法，首先应对透析袋进行前处理，剪取适当长度的透析袋，放置于去离子水中，加热煮沸 30 min，冷却，去离子水洗净，备用，精密称取一定量的样品（PTX 含量为 0.3 mg），溶解在 3 mL 磷酸盐缓冲液（PBS，0.15 mol/L）中，将混合液注入两端用夹子密封的纤维素透析袋（MWCO，8000～14 000 Da）中，然后将透析袋放入装有 200 mL 释放介质 PBS 的烧杯中，分别模拟三种不同的 pH 环境（pH 5、pH 6.5 和 pH 7.4），将整个体系在 37℃的条件下以 150 r/min 的搅拌速度进行孵育。按照预先设定的时间点从烧杯内吸取 3 mL 透析液，同时向烧杯内补充相同体积的新鲜 PBS 缓冲液，使用 HPLC 系统检测每个时间点吸取出的样品中紫杉醇的含量，每个样品分析 3 次。紫杉醇释放曲线通过双相动力学方程进行拟合，以 r 值对拟合进行评价，累计释放量的计算公式如下：

$$C_i' = C_i$$

$$C_{i+1}' = C_{i+1} - \frac{(V - V_i)C_i}{V}$$

$$Q_i = \frac{\sum_{i=1}^{i} vC_i'}{M} \times 100\%$$

式中，C_i 为每个时间点所取透析液中的 RES 浓度；C_i' 为相邻两个时间点所取透析液中 RES 浓度增加的量；V 为烧杯中透析液总体积；V_0 为每次取透析液体积；M 为加载在 RES 纳米粒中 RES 的质量。

为了研究样品对 pH 响应型释放紫杉醇过程中纳米粒直径变化的特性，将上述实验过程中不同样品溶解在 pH 5.0、pH 6.5、pH 7.4 的 PBS 缓冲溶液中，按照预设的时间点吸取 3 mL 混悬液置于比色皿内，放入激光粒度仪的样品池内，检测其粒径的大小。此外，通过扫描电子显微镜对不同 pH 下纳米粒的形貌进行了检测。

RGD-PDA-PHBV-PTX-NPs 在 pH 为 5.0、6.5 和 7.4 的 PBS 溶液中具有缓慢释放的特性，释放过程呈现出 pH 依赖性。在体内，肿瘤细胞自身的周围环境呈现出弱酸性，pH 梯度为 6.5～7.2（Meng et al.，2014），肿瘤细胞内的溶酶体和胞内体的 pH 范围为 5.0～6.5，因此，纳米粒具有 pH 敏感的特性，可以使其在体内血液循环过程中保留药物，并在肿瘤部位或肿瘤细胞的内质体或溶酶体中主动释放药物，从而减少药物在血液中过量流失，在增强药物抗肿瘤效果的同时，可有效减少对正常细胞的潜在毒性作用（Wei et al.，2017）。

PHBV-PTX-NPs、PDA-PHBV-PTX-NPs、RGD-PDA-PHBV-PTX-NPs 和 PTX 原粉在不同 pH 环境下的释放曲线如图 11.22 所示。在 pH 7.4 时，PDA-PHBV-PTX-NPs 和 RGD-PDA-PHBV-PTX-NPs 在 120 h 内分别只释放了 21.2% 和 24.7% 的 PTX（图 11.22B 和 C）；在 pH 6.5 的环境下，PDA-PHBV-PTX-NPs 和 RGD-PDA-PHBV-PTX-NPs 在 120 h 内关于 PTX 的累积释放量有所增加，分别为 54.1% 和 58.2%，而在 pH 5.0 的条件下，PDA-PHBV-PTX-NPs 和 RGD-PDA-PHBV-PTX-NPs 在 120 h 内对于 PTX 的累积释放量显著增加，分别达到了 78.3% 和 81.5%。图 11.22A 所示为 PHBV-PTX-NPs 的药物释放曲线，图中显示了 PHBV-PTX-NPs 在前 8 h 内出现了突然释放的趋势，而经过 PDA 修饰后的纳米粒，在初始阶段释放药物的量减少并呈现出缓慢释放的特性，此外，由图 11.22 可知，在最初的 10 h 内，PTX 的释放效果呈现直线上升的趋势。

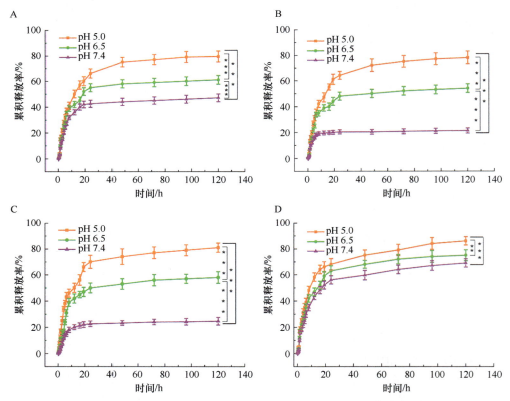

图 11.22　样品在不同 pH 的 PBS 溶液中 PTX 的体外释放曲线

A. PHBV-PTX-NPs；B. PDA-PHBV-PTX-NPs；C. RGD-PDA-PHBV-PTX-NPs；D. PTX 原粉（$n=3$）；
$*P<0.05$，$**P<0.01$，$***P<0.001$

　　结果表明，在 pH 5.0～6.5 范围内的环境中，由 PDA 包覆的纳米粒比生理条件（pH 7.4）下具有更高的 PTX 释放率，这种现象可能是因为在生理条件（pH 7.4）下，由多巴胺自聚聚合的薄膜能够保持纳米粒的结构，而在酸性条件下，聚多巴胺解聚打开了纳米粒的通道，从而释放粒子内的 PTX。RGD-PDA-PHBV-PTX-NPs 可以在体内由不同的 pH 来控制药物释放的量，从而减少 PTX 对正常细胞的潜在损害。

　　为了探究 RGD-PDA-PHBV-PTX-NPs 在不同 pH 环境下尺寸的变化，使用了激光粒度仪与 TEM 对其粒径检测，分别在 pH 7.4、pH 6.5、pH 5.0 条件下孵育 12 h 后进行检测，结果如图 11.23 所示。RGD-PDA-PHBV-PTX-NPs 在 pH 7.4 的 PBS 中孵育 12h 后，激光粒度仪和 TEM 检测结果如图 11.23A 与图 11.23D 所示，粒子的大小变化是微弱的，粒径在 115 nm 左右；RGD-PDA-PHBV-PTX-NPs 在 pH 6.5 的 PBS 溶液中孵育 12 h 后，粒子的大小如图 11.23B 和图 11.23E 所示，粒子直径有明显减小，约为 95 nm 左右；而 RGD-PDA-PHBV-PTX-NPs 在 pH 5.0 的 PBS 溶液中孵育 12 h 后，纳米粒的直径明显变小，且粒子呈圆球形，结果说明，纳米粒直径变换的原因是 PDA 核壳的剥离，从而得到粒径更小的 PHBV-PTX-NPs 核心，由 PDA 涂层的外壳在酸性条件下更容易解聚和脱落，且解聚程度呈现 pH 依赖性。

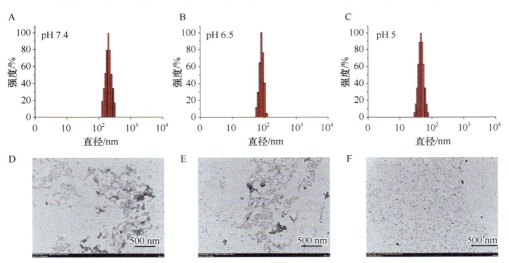

图 11.23　激光粒度仪（A～C）与 TEM（D～F）检测粒子大小

第12章 RGD-PDA-PHBV-PTX-NPs 的靶向抗肿瘤功能评价

肝细胞性肝癌（hepatocellular carcinoma，HCC）是最常见的恶性肿瘤之一，也是一种死亡率极高的原发性肝癌，全球每年肝癌患者死亡的数量高居各类癌症第三位（Zhu et al.，2016；Guan et al.，2009）。特别是在发展中国家，肝癌的发病率每年都在显著增加，肝癌的发病机制与慢性乙型肝炎病毒（HBV）、丙型肝炎病毒（HCV）和酒精性肝硬化有关（Mandal et al.，2018；Iida-Ueno et al.，2017）。肝癌患者早期的常规治疗包括手术、放疗、介入治疗和射频消融。虽然手术切除是肝癌患者的首选治疗方法，但是在术后 5 年内复发率相当高，可达 30% 以上。如今，癌症已成为最大的公共卫生问题之一，在临床中，化学疗法仍然是最常见的癌症治疗方法之一。

纳米技术，特别是纳米粒在药物递送系统中的应用，已经显示出从根本上改变生物技术和制药工业格局的重要前景（Wei et al.，2017；Shi et al.，2011）。提高肿瘤局部的有效药物浓度是提高对癌细胞的毒性和抗癌药物疗效、降低毒副作用的可行方法，这可以通过靶向纳米粒运输系统来实现（Porta et al.，2013；Yu et al.，2011）。通过结合各种活性的靶向配体（肽、抗体、核酸和小分子），纳米粒可以将药物运送到特定的细胞、组织或器官（Locatelli et al.，2012）。RGD 序列由精氨酸、甘氨酸和天冬氨酸组成，RGD 多肽可以与 11 种整合素特异性结合，而整合素在所有肿瘤组织中均有高表达，RGD 肽独特的靶向肿瘤细胞的作用，为肿瘤患者的治疗带来了福音。然而，由于纳米粒表面缺乏化学反应官能团，使 RGD 不能与纳米粒发生偶联反应，用 PDA 修饰的 NPs 的表面可以起到结合功能性配体的重要作用（龚萍，2008），反应过程简单并且适合大部分固体表面的修饰。

在上述研究中，我们成功地合成并表征了 RGD-PDA-PHBV-PTX-NPs，并证明了 PTX 负载 RGD-PDA-PHBV 纳米粒具有许多优点，如纳米粒直径较小、载药率较高、稳定性与相容性好、pH 敏感等特点。在此，继续将 RGD-PDA-PHBV-PTX-NPs 用于肝癌治疗的研究工作，在体外考察该纳米粒对 L02 细胞、HepG2 细胞和 SMMC-7721 细胞的毒性作用与靶向性特点。采用动物体内光学成像技术，以 RGD-PDA-PHBV-PTX-NPs 负载了 DIR 荧光探针，直观地观测了 RGD-PDA-PHBV-PTX-NPs 在裸鼠体内对肿瘤的靶向作用，并检测了纳米粒在体内器官组织的分布状态。此外，对该纳米粒进行了体内与体外的毒性作用评价，考察了 RGD-

PDA-PHBV-PTX-NPs 在 HepG2 荷瘤裸鼠治疗过程中对各器官组织的毒副作用。主动靶向功能的 RGD-PDA-PHBV-PTX-NPs 纳米粒的治疗模式如图 12.1 所示。

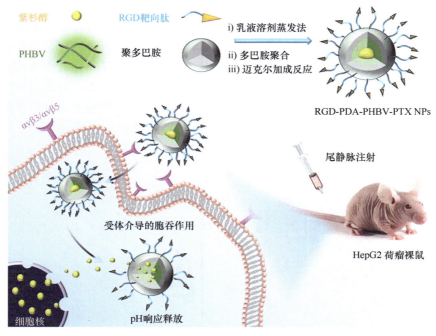

图 12.1　RGD-PDA-PHBV-PTX-NPs 对 HepG2 荷瘤裸鼠的治疗模式（Wu et al.，2021）

12.1　基于 TCGA 数据库的肝癌/癌旁组织整合素编码基因表达谱分析

从癌症基因图谱（TCGA）数据库中下载了 371 例肝癌患者样本的转录组测序（RNA-seq）数据，其中肝癌组织样本为 374 例、癌旁组织样本为 50 例。通过 R 语言中的 edgeR package 进行基因差异表达分析，并采用 Transcripts Per Million（TPM）值对基因表达量进行均一化。随后，利用 GraphPad Prism 8.0 软件对数据进行处理与分析，通过非配对 t 检验对 374 例肝癌组织和 50 例癌旁组织中的 9 种整合素编码基因（*ITGB1*、*ITGB3*、*ITGB5*、*ITGB6*、*ITGB8*、*ITGAV*、*ITGA2B*、*ITGA5*、*ITGA8*）的差异表达程度进行统计。

整联蛋白（integrin）又称整合素，分布于细胞膜表面，用于介导细胞之间、细胞和细胞外基质之间的相互识别及黏附。迄今为止，已有 8 种可以特异性识别 RGD 序列的整合素（αIIbβ3，αvβ1，αvβ3，αvβ5，αvβ6，αvβ8，α5β1，α8β1）被确定。肝癌细胞和正常肝细胞中整合素编码基因的差异表达程度，对以 RGD 为基础的靶向药物疗效至关重要。因此，我们随后通过 TCGA 数据库对肝癌组织和癌旁组织中基因差异表达情况进行了系统分析，并根据不同基因在肝癌与癌旁组织中的差异表达程度绘制热图和火山图（图 12.2）。通过比较 374 例肝癌组织样本和 50 例癌旁组织样本，我们明确了肝癌组织与癌旁组织中 9 个整合素编码基因（*ITGB1*、*ITGB3*、*ITGB5*、*ITGB6*、*ITGB8*、*ITGAV*、*ITGA2B*、*ITGA5*、*ITGA8*）的差异表达情况。如图 12.3 所示，整合素编码基因 *ITGAV*、*ITGB5* 和 *ITGA5* 在肝癌与癌旁组织间具有显著差异（$P<0.001$），而其他整合素编码基因在肝癌组织和癌旁组织中差异并不显著。综上所述，我们通过生物信息学方法进一步明确了部分整合素编码基因在肝癌与癌旁组织中存在显著的差异表达，这为以 RGD 为基础的肝癌靶向药物研发提供了理论支撑。

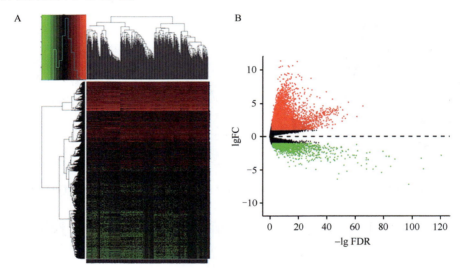

图 12.2　不同基因在肝癌与癌旁组织数据中的热图（A）和火山图（B）

FC，差异倍数；FDR，假阳性发现率

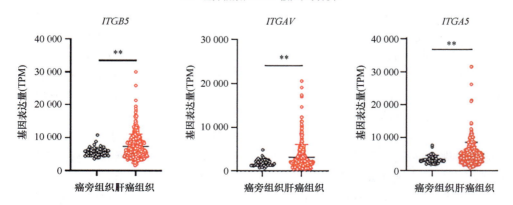

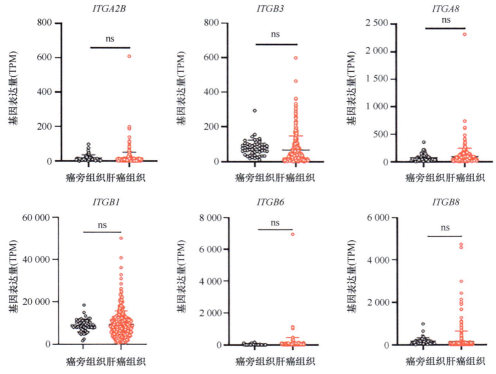

图 12.3　肝癌与癌旁组织中整合素编码基因的差异表达

$*P<0.05$, $**P<0.01$, $***P<0.001$

12.2　载体对 LO2 细胞的毒性作用

将 HepG2 细胞培养于含有 10% 胎牛血清和 1% 青霉素-链霉素的 DMEM 培养基中、LO2 和 SMMC-7721 细胞培养于含有 10% 胎牛血清和 1% 青霉素-链霉素的 RPMI-1640 培养基中，培养条件为 37℃、5% 的 CO_2 浓度、90% 相对湿度，取对数期细胞用于药物抑制和摄取实验。

本实验制备了具有靶向特性和 pH 响应性的抗肝癌纳米粒 RGD-PDA-PHBV-PTX-NPs，主要以 PHBV、PDA 和 RGD 为载体材料。PHBV 是一种无毒的无机化合物，在体内可分解为 CO_2 和 H_2O；包裹纳米粒并具有 pH 敏感的成分 PDA，为天然黑色素的主要成分，具有较好的生物相容性和生物可降解性，用于靶向功效的 RGD 多肽无免疫原性、无毒副作用。

为了评价所构成纳米粒的载体对细胞的毒性作用，选取正常的肝细胞株 LO2 为模型，采用 MTT 法，考察了 RGD-PDA-PHBV-NPs（无 PTX）在含有不同 PHBV

的浓度下给药孵育 48 h 后细胞的活性，实验结果如图 12.4 所示。随着载体 PHBV 浓度的增加，LO2 细胞的存活率无明显变化，当 PHBV 的浓度升高至 100 μg/mL 时，RGD-PDA-PHBV-NPs 对 LO2 细胞的平均存活率仍为 96.8%。实验结果表明，当 PHBV 浓度在 0～100 μg/mL 的范围内时，空白的载体纳米粒对 LO2 细胞的毒性作用很小，以 PHBV 为载体制备的 RGD-PDA-PHBV-NPs 具有良好的生物相容性。

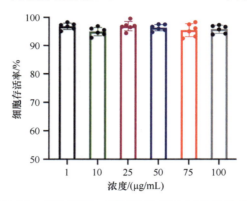

图 12.4　RGD-PDA-PHBV-NPs（无 PTX）对 LO2 细胞的体外毒性评价

12.3　体外细胞毒性试验

采用 MTT 法对载药纳米粒和无药的载体进行体外细胞毒性试验。取对数生长的 LO2、HepG2 和 SMMC-7721 细胞，以 8000 个细胞/孔的浓度接种在 96 孔板内，在 37℃和 5%CO$_2$ 条件下培养 24 h，其中 LO2 细胞组弃去培养基，重新加入 200 μL 含有不同载体（RGD-PDA-PHBV-NPs）浓度（1 μg/mL、10 μg/mL、25 μg/mL、50 μg/mL、75 μg/mL、100 μg/mL）的培养基并培养 48 h，考察载体材料对正常肝细胞的毒性作用。另外，HepG2 和 SMMC-7721 细胞组弃去培养基后，分别用 200 μL 含有不同浓度的 PTX 原粉、PHBV-PTX-NPs、PDA-PHBV-PTX-NPs、RGD-PDA-PHBV-PTX-NPs 和 RGD-PDA-PHBV-NPs 的培养基代替原来的培养基。每个浓度做 6 个重复，以不含样品的培养基作为对照组，在 37℃黑暗中孵育 48 h，随后，向每个培养孔内加入 10 μL 浓度为 5 mg/mL 的 MTT 溶液，孵育 4 h，去除培养基，向每个孔内加入 150 μL 二甲基亚砜溶液，置于振荡器内振荡处理 10 min，使用酶标仪在 490 nm 处检测吸光度。细胞抑制率计算公式如下：

$$细胞抑制率（\%）=1-\frac{OD_e}{OD_c}\times100\%　　　　　　（12-1）$$

式中，OD$_e$ 为实验组的平均吸光度；OD$_c$ 为对照组的平均吸光度，通过 GraphPad Prism 8.0 软件拟合曲线计算 IC$_{50}$ 值。

采用 MTT 法检测不同纳米制剂对 HepG2 细胞和 SMMC-7721 细胞的毒性作用。用不同浓度的 PHBV-PTX-NPs、PDA-PHBV-PTX-NPs、RGD-PDA-PHBV-PTX-NPs、RGD-PDA-PHBV-NPs（不含 PTX）和 PTX 原粉的培养基溶液培养两种细胞 48 h 后，结果如图 12.5 所示。所有 PTX 纳米制剂的 HepG2 细胞和 SMMC-7721 细胞的抑制增殖曲线均显示出呈浓度依赖性的毒性作用（图 12.5A 和图 12.5B），并且在所有相同的药物浓度下，PTX 纳米制剂对肝癌细胞生长的抑制作用均强于 PTX 原粉。此外，RGD-PDA-PHBV-PTX-NPs 体外抑制 HepG2 细胞和 SMMC-7721 细胞的效果最强，这是因为靶向纳米粒 RGD-PDA-PHBV-PTX-NPs 能够特异性识别 HepG2 和 SMMC-7721 细胞表面的整合素（$\alpha v\beta 3/\alpha v\beta 5$），配体 RGD 在纳米粒表面具有显著的靶向作用，且提高了细胞的抑制效率。与此同时，不同浓度的空白载体 RGD-PDA-PHBV-NPs（不含 PTX）对 HepG2 细胞和 SMMC-7721 细胞没有明显的毒性作用，这表明纳米载体（PHBV 和 PDA）在细胞培养中是安全、无毒和高度生物相容性的。

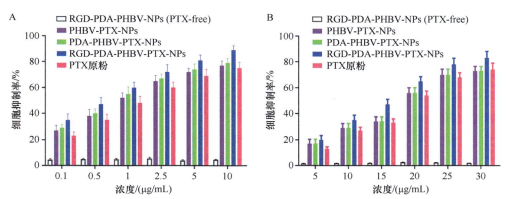

图 12.5　空白纳米粒 RGD-PDA-PHBV-NPs（无 PTX）、PHBV-PTX-NPs、PDA- PHBV-PTX-NPs、RGD-PDA-PHBV-PTX-NPs 和 PTX 原粉对 HepG2 和 SMMC-7721 细胞的抑制作用

计算药物对肝癌细胞增殖抑制的 IC_{50} 值。IC_{50} 定义为在特定时间内，导致 50% 肿瘤细胞死亡时的药物浓度。通过计算得知，RGD-PDA-PHBV-PTX-NPs 与 HepG2 细胞培养 48 h 后的 IC_{50} 值为（0.78±0.04）µg/mL，而 RGD-PDA-PHBV-PTX-NPs 与 SMMC-7721 细胞培养 48 h 后的 IC_{50} 值为（16.1±0.97）µg/mL，靶向纳米粒 RGD-PDA-PHBV-PTX-NPs 对于两种肝癌细胞株的 IC_{50} 值均显著低于 PHBV-PTX-NPs、PDA-PHBV-PTX-NPs、RGD-PDA-PHBV-PTX-NPs、RGD-PDA-PHBV-NPs（不含 PTX）和 PTX 原粉组。PHBV-PTX-NPs、PDA-PHBV-PTX-NPs、RGD-PDA-PHBV-PTX-NPs 和 PTX 原粉与 HepG2 细胞孵育 48 h 后，IC_{50} 值分别为（0.78±0.04）µg/mL、（0.89±0.06）µg/mL、（1.08±0.08）µg/mL、（1.23±0.09）µg/mL。PHBV-PTX-NPs、PDA-PHBV-PTX-NPs、RGD-PDA-PHBV-PTX-NPs 和 PTX 原粉与 SMMC-7721 细胞孵育

48 h 后，IC$_{50}$ 值分别为（16.1±0.97）μg/mL、（18.5±1.06）μg/mL、（18.1±0.94）μg/mL、（19.3±1.09）μg/mL。总之，靶向纳米粒 RGD-PDA-PHBV-PTX-NPs 表现出较好的体外抑制效果，有望成为一种很有前途的药物释放系统。此外，实验结果表明，RGD-PDA-PHBV-PTX-NPs 对于 HepG2 细胞的抑制效果优于 SMMC-7721 细胞，原因可能是两者细胞表面整合素的量不同，从而导致纳米粒的靶向程度不同。为了在体内更好地表现出肿瘤治疗效果，选择 HepG2 细胞作为皮下注射荷瘤模型。

12.4　体外细胞摄取行为考察

本实验以 FITC 标记的 PHBV-PTX-NPs、PDA-PHBV-PTX-NPs 和 RGD-PDA-PHBV-PTX-NPs 为例，通过细胞成像分析系统来观察 HepG2 细胞与 SMMC-7721 细胞对纳米粒的摄取情况。本实验所用到的带有 FITC 标记的纳米粒，是通过 12.1 节所描述的制备方案，在乳化前，向二氯甲烷有机相中加入荧光染料 FITC，即可很容易地对 NP 进行标记。取对数期的细胞以 1×10^5 个细胞/孔的密度接种于 12 孔板内，在 37℃避光条件下孵育 24 h，吸出原始培养基，换成含有不同样品的新鲜培养基，按照时间梯度 0.5 h、4 h、8 h 进行孵育，然后用 PBS 缓冲液（pH 7.4）清洗细胞 3 次，向每孔内加入 4% 多聚甲醛固定细胞 10 min，用 PBS 溶液清洗 2 次，每次 10 min，再加入 DAPI 试剂在温室下作用 15 min，PBS 溶液清洗 3 次，在激发波长 360 nm 和 488 nm 下观察细胞内化情况。

细胞有效摄取行为是评价化疗药物生物活性的重要指标。通过高内涵细胞成像分析系统观察到 HepG2 细胞对 RGD-PDA-PHBV-PTX-NPs 的摄取效果，如图 12.6 所示。当 RGD-PDA-PHBV-PTX-NPs 与 HepG2 细胞共培养 0.5 h 时，显示出微弱的绿色荧光，说明有少许纳米粒存在于细胞的表面；当孵育的时间增加到 4 h 时，

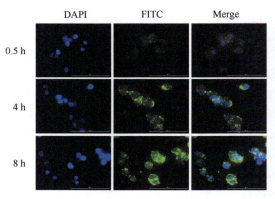

图 12.6　RGD-PDA-PHBV-PTX-NPs 与 HepG2 细胞共孵育 0.5 h、4 h 和 8 h 后的细胞成像图

DAPI，4',6-二脒基-2-苯基吲哚，一种能够与 DNA 强力结合的荧光染料；FITC，异硫氰基荧光素；

Merge，图片合并

绿色的荧光强度有所增强，可见细胞表面清晰的绿色荧光的轮廓，说明有部分纳米粒在细胞表面得到积累；当孵育时间为 8 h 时，细胞表面的绿色荧光更强，并且有一部分的绿色荧光出现在了细胞核中，实验结果说明 RGD-PDA-PHBV-PTX-NPs 对于 HepG2 细胞的摄取呈现时间依赖性，纳米粒从细胞的表面逐渐内化至胞浆和胞核中。在本试验中，将 PTX 运送到细胞核中是十分必要的，这样 PTX 才能够与 HepG2 细胞中的 DNA 相互作用并发挥抑制细胞活性的功效。

　　PHBV-PTX-NPs、PDA-PHBV-PTX-NPs 和 RGD-PDA-PHBV-PTX-NPs 对 HepG2 细胞摄取行为的定量研究结果如图 12.7 所示。HepG2 细胞对所有纳米粒的摄取行为均呈现一定的时间依赖性，并且在培养 0.5 h、4 h 和 8 h 后的细胞摄取量均为 RGD-PDA-PHBV-PTX-NPs 最高，原因是 RGD-PDA-PHBV-PTX-NPs 中的 RGD 多肽具有靶向 HepG2 细胞的特性，因此细胞对其的摄取量高，而 PHBV-PTX-NPs 和 PDA-PHBV-PTX-NPs 组也显示出一定的荧光强度，这可能是因为较小的纳米粒有利于细胞进行胞吞作用，从而进行摄取行为。此外，HepG2 细胞对 RGD-PDA-PHBV-PTX-NPs 的摄取量与 PHBV-PTX-NPs 和 PDA-PHBV-PTX-NPs 组呈现显著差异性。

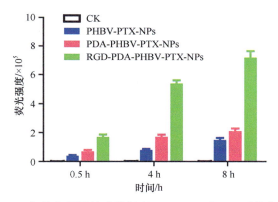

图 12.7　HepG2 细胞与不同纳米粒孵育 0.5 h、4 h 和 8 h 后的荧光定量分析

　　为了进一步探讨 RGD-PDA-PHBV-PTX-NPs、PDA-PHBV-PTX-NPs 和 PHBV-PTX-NPs 在不同细胞中的摄取情况，将它们分别与 HepG2 和 SMMC-7721 细胞孵育 4 h 后，利用高内涵细胞成像系统进行观察和对比。结果如图 12.8 所示，在 HepG2 组中观察到 PDA-PHBV-PTX-NPs 和 PHBV-PTX-NPs 在细胞的表面显现出了极其微弱的荧光，而 RGD-PDA-PHBV-PTX-NPs 呈现出较强的绿色荧光。此外，在 SMMC-7721 组中观察到 PDA-PHBV-PTX-NPs 和 PHBV-PTX-NPs 均显现出了星星点点的微弱绿色荧光，而 RGD-PDA-PHBV-PTX-NPs 在细胞表面显示出了一定的荧光，但是与 HepG2 组进行比较，RGD-PDA-PHBV-PTX-NPs 在 HepG2 组中显现出的绿色荧光更强。原因可能是两种肝癌细胞表面整合素的表达具有差异性，

因此，具有靶向性的 RGD 多肽更多地靶向于 HepG2 细胞。为了在体内更好地表现出肿瘤治疗效果，下面选择了荷瘤 HepG2 裸鼠模型进行体内靶向实验。

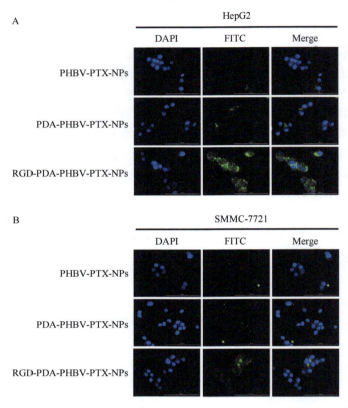

图 12.8　PHBV-PTX-NPs、PDA-PHBV-PTX-NPs 和 RGD-PDA-PHBV-PTX-NPs 与 HepG2（A）和 SMMC-7721（B）细胞孵育 4 h 后的细胞成像

12.5　异位移植瘤模型的建立

BALB/C 裸鼠实体瘤造模：取对数生长的 HepG2 细胞加入 0.25% 胰酶消化细胞，离心收集，用 PBS 溶液洗涤细胞两次，将 HepG2 细胞重新悬浮于 PBS 溶液中；制备约 5×10^6 个细胞/mL 的细胞悬液，用 1 mL 注射器吸取 200 μL 细胞悬液接种于 Balb/c 裸鼠右侧背部的皮下，建立 Balb/c 裸鼠肿瘤模型。肿瘤模型小鼠在肿瘤体积增加到约 100 mm³ 时进行治疗。计算肿瘤体积（mm³）的公式如下：

$$肿瘤体积（mm^3）=\frac{a\times b^2}{2}$$

（12-2）

式中，a 和 b 分别为肿瘤的宽度和长度。

12.6　小鼠体内 NIRF 成像

制备 DIR 荧光探针标记的 PHBV-PTX-NPs、PDA-PHBV-PTX-NPs 和 RGD-PDA-PHBV-PTX-NPs。按照 11.1 节所描述的制备方案，将 DIR 荧光染料与 PHBV 载体和 PTX 原粉共同溶解在二氯甲烷有机相内（PTX：DIR=40：1），与含有 PVA 的水溶液在高速匀浆下混合形成均一的初乳，将初乳在高压均质中形成均一稳定的乳球，随后，利用旋转蒸发除去有机溶剂，以 5000 r/min 的转速离心处理 10 min，得到 PHBV-PTX/DIR-NPs，然后将 PHBV-PTX/DIR-NPs 分散在含有盐酸多巴胺的 Tris-HCl 缓冲液中，搅拌反应 3 h，得到 PDA-PHBV-PTX/DIR-NPs，再与含有 RGD 肽的溶液搅拌反应，即得到了 RGD-PDA-PHBV-PTX/DIR-NPs。

选取肿瘤大小近似 100 mm³ 左右的 20 只雄性荷瘤 HepG2 裸鼠，随机分配成 4 组，每组 5 只小鼠，每个组分别通过尾静脉注射 DIR 溶液、PHBV-PTX/DIR-NPs、PDA-PHBV-PTX/DIR-NPs 和 RGD-PDA-PHBV-PTX/DIR-NPs，按照 1.5 mg/kg 的 DIR 给药剂量注射，注意每只裸鼠给药体积不超过 150 μL。按照预设的时间点在小鼠麻醉下，通过 IVIS Lumina Series Ⅲ 活体成像系统，分别在 1 h、4 h、8 h、12 h、24 h 和 48 h 记录小鼠全身的荧光成像状况，待实验结束后，采集小鼠的组织器官（心脏、肝脏、脾脏、肺脏和肾脏）和肿瘤，用 0.9%NaCl 对器官进行洗涤，用于体外的成像和定量分析。使用 Living Image 软件进行定量分析，所有小鼠均在同一台仪器和相同的设置下，在 780 nm 激发波长下获得成像图。

采用 DIR 作为近红外荧光（NIRF）染料，从而评价 PHBV-PTX-NPs、PDA-PHBV-PTX-NPs 和 RGD-PDA-PHBV-PTX-NPs 的体内靶向能力和体内组织分布。将不同的纳米粒通过尾静脉注射给药途径给予荷瘤 HepG2 裸鼠，以注射 DIR 溶液为对照组，按照预设的时间点对小鼠进行近红外荧光成像监测。实验结果如图 12.9A 所示，所有组别药物在最初的 1 h 内主要集中在了肝脏部位。RGD-PDA-PHBV-PTX-NPs 组在注射后 4 h 时，可见肿瘤部位出现较强的荧光信号，随着时间的增加，肿瘤部位的荧光仍然可见，直到 48 h 时肿瘤部位的荧光依然存在，小鼠体内整体荧光强度是减弱的，说明体内其他部位的纳米粒被逐渐代谢。而 DIR 对照组、PHBV-PTX-NPs 组和 PDA-PHBV-PTX-NPs 组在注射样品 4 h 后，荧光强度主要集中于肝脏部位，且比 1 h 时的荧光强度显著增强，但是在肿瘤部位未发现有荧光的积累现象。随着时间的增加，DIR 对照组中小鼠体内的荧光在 8 h 时达到最强，且随着时间的增加，体内荧光强度逐渐减弱，直到 48 h 体内的 DIR 染料被逐渐代谢，并未发现肿瘤部位的荧光积累。PHBV-PTX-NPs 组和 PDA-PHBV-PTX-NPs 组在注射样品 8 h 后，肝脏部位发现最强的荧光，且在 PDA-PHBV-PTX-NPs 组小鼠的肿瘤部位出现了微弱的荧光，随着时间的增加，两个组的小鼠体内荧光强度随之减弱。总体而言，RGD-PDA-PHBV-PTX-NPs 在肿瘤部位的蓄积高于非靶向治疗组（DIR、PDA-PHBV-PTX-NPs 和 PHBV-PTX-NPs），这可能与 RGD 配体和 αvβ3/αvβ5 整合素介导的靶向性有关。此外，所有的 PTX 纳米粒组在小鼠的肝脏中均表现出相对较高的荧光强度，这是因为在肝脏网状内皮系统中的巨噬细胞，对 NPs 具有较强的摄取能力，尤其是库普弗细胞（Zhang et al., 2019）。

体外成像与体内成像相比而言，可以通过减少皮肤的荧光噪声，降低组织穿透过程中的荧光衰减，更加准确地检测出荧光信号的强度。将小鼠尾静脉注射各组样品 48 h 后，进一步解剖小鼠，观察心脏、肝脏、脾脏、肺脏、肾脏和肿瘤中纳米粒的分布状况。结果如图 12.9B 所示，通过图片可以得知，所有组的荧光主要积累于肝脏、脾脏和肿瘤中，其次是肺脏，心脏和肾脏中的荧光最少。RGD-PDA-PHBV-PTX-NPs 组在 48 h 后肿瘤部位蓄积相对较高，说明 RGD-PDA-PHBV-PTX-NPs 具有较好的体内靶向能力。

此外，为了定量分析 RGD-PDA-PHBV-PTX-NPs 的肿瘤靶向能力，我们还进行了荧光测量。图 12.9C 所示为小鼠体内各组样品尾静脉注射后 48 h 内的体内分布荧光定量结果，结果表明 RGD-PDA-PHBV-PTX-NPs 组的相对荧光强度值大于DIR 组、PDA-PHBV-PTX-NPs 组 和 PHBV-PTX-NPs 组，PDA-PHBV-PTX-NPs 和PHBV-PTX-NPs 两组之间的荧光强度无明显差异。此外，图 12.9D 显示了小鼠体内各组样品尾静脉注射 48 h 后各器官和肿瘤中的荧光定量结果，结果显示，各组样品均在肝脏部位有最强的荧光积累，此外，RGD-PDA-PHBV-PTX-NPs 组在肿

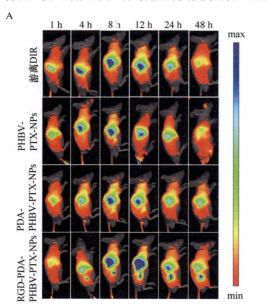

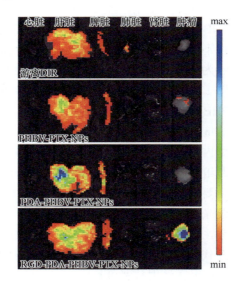

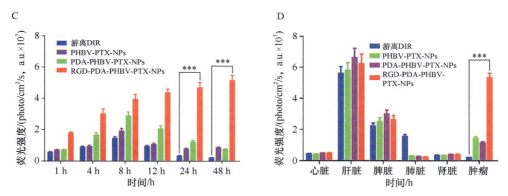

图 12.9　DIR、PHBV-PTX-NPs、PDA-PHBV-PTX-NPs 和 RGD-PDA-PHBV-PTX-NPs 在 HepG2 荷瘤小鼠体内分布（A）、48 h 后主要器官和肿瘤的离体荧光图像（B）、肿瘤区域平均荧光强度（C）、肿瘤及主要脏器中荧光强度（D）

$n=5$，$*P<0.05$，$**P<0.01$，$***P<0.001$

瘤部位的荧光强度最强，这一结果与上述活体呈现结果是一致的；接下来，进一步探究了荷瘤 HepG2 裸鼠中 RGD-PDA-PHBV-PTX-NPs 的抗肿瘤效果。

12.7　体内抗肿瘤作用

在荷瘤 HepG2 裸鼠（Balb/c）模型中，探究了 RGD-PDA-PHBV-PTX-NPs 在体内的抗肿瘤效果。取 15 只在 12.5 节构建的皮下荷瘤 HepG2 裸鼠模型，随机分配成 3 组，每组 5 只，裸鼠在皮下注射 HepG2 后的第 10 天，肿瘤体积平均达到 100 mm³，每个组别的小鼠分别尾静脉注射生理盐水（阴性对照）、PTX 原粉（阳性对照）和 RGD-PDA-PHBV-PTX-NPs，均以 PTX 的浓度 4 mg/kg 为标准。在治疗期间，每组裸鼠每 3 天给药一次（第 0 天、3 天、6 天、9 天、12 天），共治疗 14 天。在整个治疗过程中，每天测量小鼠的体重和肿瘤体积，绘制肿瘤体积（V）-治疗时间（T）曲线；治疗结束后，给予各组裸鼠安乐死，解剖得到完整的肿瘤组织、肝脏和脾脏，拍照并称重，肿瘤抑制率计算公式如下：

$$肿瘤抑制率（\%）=\frac{对照组瘤重-给药组瘤重}{对照组瘤重}\times100\% \tag{12-3}$$

为了评价 RGD-PDA-PHBV-PTX-NPs 在体内的抗肿瘤作用，我们将 5×10^6 个细胞/mL 的 HepG2 细胞接种于裸鼠右侧背部皮下，建立了肿瘤裸鼠模型。当肿瘤体积达到 100 mm³ 时，将 RGD-PDA-PHBV-PTX-NPs 通过尾静脉注射到 HepG2 荷瘤裸鼠体内，并与生理盐水和 PTX 原粉进行比较。图 12.10 显示了整个治疗过程。

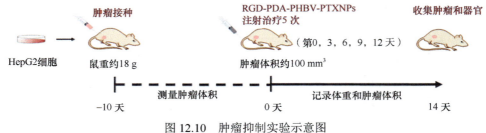

图 12.10　肿瘤抑制实验示意图

肿瘤体积变化曲线如图 12.11 所示，随着治疗时间的增加，生理盐水组中肿瘤的体积呈现出迅速增大的趋势，治疗 14 天后，生理盐水组中的平均肿瘤体积为 1123.5 mm³，约为原始体积的 11 倍。相比之下，RGD-PDA-PHBV-PTX-NPs 组的抗肿瘤作用显著，治疗 14 天的过程中，肿瘤体积的增长得到了有效的控制，14 天后肿瘤的平均体积达到 171.5 mm³，显示出 RGD-PDA-PHBV-PTX-NPs 具有一定的抑制肿瘤生长的能力。PTX 原粉治疗 14 天后，平均肿瘤体积为 604.6 mm³，表明均有一定的抑制肿瘤生长的效果，但是 PTX 原粉组的抗肿瘤作用弱于 RGD-PDA-PHBV-PTX-NPs 组，这可能是由于 PTX 原粉的颗粒较大，对肿瘤组织的通透性低，不能特异性靶向肿瘤组织，从而对肿瘤细胞的杀伤能力减弱。

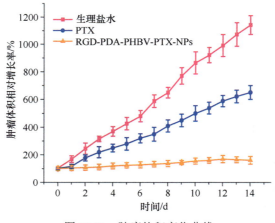

图 12.11　肿瘤体积变化曲线

荷瘤 HepG2 裸鼠通过生理盐水、PTX 原粉和 RGD-PDA-PHBV-PTX-NPs 治疗 14 天后，将肿瘤离体进行称重和拍照，所得结果如图 12.12 所示。由图 12.12A 可知，RGD-PDA-PHBV-PTX-NPs 治疗组的肿瘤重量与生理盐水对照组之间存在显著差异（$P < 0.001$），且 RGD-PDA-PHBV-PTX-NPs 治疗组与 PTX 原粉治疗组的肿瘤重量也存在着显著差异（$P < 0.01$）。生理盐水、PTX 原粉和 RGD-PDA-PHBV-PTX-NPs 治疗 14 天后肿瘤平均重量分别为（723.58±83）mg、（329.21±44）mg 和

（96.65±27）mg。RGD-PDA-PHBV-PTX-NPs 和 PTX 原粉的肿瘤抑制率分别是 86.56% 和 54.50%。RGD-PDA-PHBV-PTX-NPs 组的治疗效果显著优于 PTX 原粉组，为其进一步临床应用提供了有价值的参考。

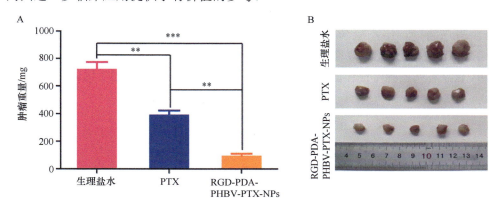

图 12.12　生理盐水、PTX 原粉、RGD-PDA-PHBV-PTX-NPs 治疗后肿瘤的重量（A）及不同剂型治疗后切除肿瘤的图像（B）

数据以±SD 表示，$n=5$，$*P<0.05$，$**P<0.01$，$***P<0.001$

上述体内的抗肿瘤效果的评价与细胞摄取、细胞毒性和体内分布的实验结果相吻合，说明 RGD-PDA-PHBV-PTX-NPs 具有良好的肿瘤靶向功能和抗肿瘤能力。

12.8　体内安全性评价

1）治疗期间小鼠体重变化

根据 12.7 节中所描述的治疗方案，从治疗开始之日起，每天称量各组中荷瘤鼠的体重，记录并绘制体重（W）与时间（T）变化曲线，初步评价 RGD-PDA-PHBV-PTX-NPs 的生物安全性。计算各组小鼠的肝、脾指数，用以考察肝和脾损伤状况。其中，肝指数=肝重/体重，脾指数=脾重/体重。

2）主要器官组织切片

对皮下荷瘤 HepG2 裸鼠（Balb/c）治疗后，观察主要器官的组织切片，进一步评价 RGD-PDA-PHBV-PTX-NPs 的生物安全性。取 12.7 节中活体抗肿瘤实验治疗结束后各组小鼠的器官，将心脏、肝脏、脾脏、肺脏和肾脏浸泡在 4% 多聚甲醛内，固定 48 h 后，采用石蜡包埋、切片、去石蜡化、H&E 染色，观察上述主要器官的细胞状态，记录并拍照。

治疗过程中小鼠体重的变化能够反映出药物的安全性，是评价药物安全的指标之一。图 12.13 显示了荷瘤 HepG2 裸鼠在治疗过程中的体重变化。在整个治疗过程中没有发生小鼠全身毒性反应。生理盐水组中小鼠的平均体重随着时间的增加呈现出逐渐增长的趋势，这是由于体内肿瘤的增长所导致的。与此相反的是，PTX 原粉组中小鼠的平均体重随着时间的增加呈现出缓慢下降的趋势，可见在 PTX 治疗过程中肿瘤的体积也随之增大，体重有所下降，这说明在 PTX 治疗的过程中对小鼠产生了一定的毒性作用。值得注意的是，RGD-PDA-PHBV-PTX-NPs 组在治疗的过程中小鼠的平均体重无明显的变化，这种现象说明了 RGD-PDA-PHBV-PTX-NPs 是比较安全的，并且具有良好的生物相容性，作为纳米粒涂层的 PDA 也没有明显的毒性作用，并且被 PDA 包裹可以降低 PTX 对生物体的毒性。

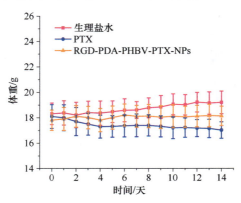

图 12.13　不同组别在 14 天内的小鼠体重变化

治疗结束后，获取了小鼠的肝脏和脾脏进行称重，计算肝脏和脾脏指数，用来考察化疗药物对肝和脾的损伤程度。结果如表 12.1 所示，对于脾指数而言，PTX 原粉组与 RGD-PDA-PHBV-PTX-NPs 组的脾指数均有所降低；对于肝指数而言，与生理盐水组对比，RGD-PDA-PHBV-PTX-NPs 的肝指数几乎与生理盐水组一致，而 PTX 原粉组中的肝指数有轻微的下降，这说明 PTX 原粉对小鼠的肝脏存在损伤行为，而经过组装后的靶向纳米药物 RGD-PDA-PHBV-PTX-NPs 可以减少对肝脏的损害，但不能减低对脾脏的伤害。

表 12.1　不同样品对小鼠肝脏和脾脏的影响

组别	肝指数	脾指数
生理盐水	0.061±0.003	0.009±0.002
PTX 原粉	0.052±0.005	0.004±0.001
RGD-PDA-PHBV-PTX-NPs	0.057±0.004	0.006±0.001

通过 H&E 染色来评价主要组织的损伤程度，H&E 染色是病理学与组织学中常用的检测手段，苏木精可将细胞中的染色质和核酸染为蓝紫色，伊红可将细胞中的细胞质和胞外基质染成红色。获取治疗结束后的小鼠主要器官（心、肝、脾、

肺、肾）进行 H&E 染色，观察组织细胞状态。各组样品的 H&E 染色切片结果如图 12.14 所示，生理盐水组的器官切片中细胞完整密集，状态良好。RGD-PDA-PHBV-PTX-NPs 组与生理盐水组相比，主要脏器的组织形态学和炎症反应均未见异常。结果表明，基于 RGD-PDA-PHBV-PTX-NPs 的靶向化疗是安全、低毒的，为今后的临床应用提供了可能性。

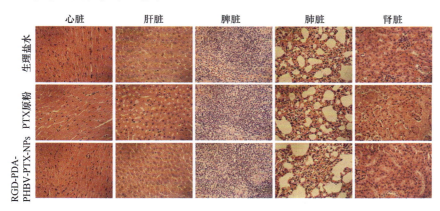

图 12.14　组织 H&E 染色

参 考 文 献

常杰华, 张万忠. 2014. 紫杉醇提取及分离纯化技术研究进展. 安徽农业科学, 42(11): 3388-3390.

陈婵, 黄靖, 陈晓波, 等. 2019. 超声波提取银耳蒂头粗多糖工艺的优化研究. 农产品加工, (24): 43-46.

陈栋, 周永传. 2007. 酶法在中药提取中的应用和进展. 中国中药杂志, (2): 99-101, 119.

陈健, 廖国平, 张忠义. 2012. 星点设计-效应面法优化超高压提取红景天中红景天苷. 中国实验方剂学杂志, (1): 29-33.

陈为健, 程贤甦, 陈跃先, 等. 2002. 硫酸法测定花生壳中木质素的含量. 闽江学院学报, (6): 73-74, 77.

陈学伟, 马书林. 2005. 酶法提取黄芪多糖的研究. 上海中医药杂志, (1): 56-58.

陈永万. 2017. 基于聚多巴胺及其复合材料的制备与性能研究. 郑州: 河南大学硕士学位论文.

代元忠, 赵永强, 马国涛, 等. 2004. 超高压对撞技术装备在食品和生物工程中的应用. 包装与食品机械, (3): 33-36, 40.

段蕊, 王蓓, 时海峡. 2001. 微波法提取银杏叶黄酮最佳工艺的研究. 淮海工学院学报 (自然科学版), (3): 46-48.

段振, 朱彩平, 刘俊义, 等. 2017. 超高压技术及其在提取植物天然活性成分中的应用进展. 食品与发酵工业, (12): 245-252.

范丽. 2014. 超高压提取金银花等三种药材有效成分的研究. 泰安: 山东农业大学硕士学位论文.

付榆. 2011. 恩度联合紫杉醇在小鼠 lewis 肺癌移植瘤不同给药时序对肿瘤血管正常化作用的研究. 泸州: 泸州医学院硕士学位论文.

甘招娣, 彭海龙, 熊华. 2017. 酶解-交联法制备多孔淀粉及其负载红景天苷研究. 食品工业科技, 38(03): 68-73.

高歌. 2018. 超高压技术在红柚汁加工与柚皮果胶提取中应用研究. 北京: 中国农业大学博士学位论文.

高昕. 2005. 东北红豆杉枝叶中黄酮类成分富集工艺研究. 哈尔滨: 黑龙江中医药大学硕士学位论文.

高玉杰, 朱红岩. 2019. 分析紫杉醇联合卡培他滨一线治疗晚期胃癌的临床效果. 世界最新医学信息文摘, 89(2): 158-161.

龚萍. 2008. 功能化核壳型复合纳米粒的制备及其在生物医学研究中的应用. 长沙: 湖南大学博士学位论文.

谷勋刚. 2007. 超声波辅助提取新技术及其分析应用研究. 合肥: 中国科学技术大学博士学位论文.

顾贵洲, 季圣豪, 熊南妮, 等. 2018. 超临界 CO_2 流体萃取东北红豆杉中紫杉醇的研究. 化学工程, 46(12): 1-4.

郭立佳. 2006. 紫杉醇分离纯化工艺的研究. 无锡: 江南大学硕士学位论文.

郭孝武. 1998. 超声与常规法对部分中药贰类成分提出率的比较. 中国医药工业杂志, (2): 3-6.

郭振库, 金钦汉, 范国强, 等. 2002. 微波帮助提取中药金银花中有效成分的研究. 中国中药杂志, (3): 32-35.

韩忠良. 2015. 表柔比星联合紫杉醇的新辅助化疗方法治疗三阴性乳腺癌的效果. 世界最新医学信息文摘, 23(30): 174-174.

郝守祝, 张虹, 刘丽, 等. 2002. 微波技术在大黄游离蒽醌浸提中的应用. 中草药, (1): 25-28.

郝湘平, 陈守刚, 王文惠, 等. 2018. pH 响应型抗菌自修复聚多巴胺/海藻酸-辣椒素 @ 壳聚糖复合类聚电解质涂层的制备及性能研究. 见: 2018(第 3 届) 抗菌科学与技术论坛.

何春霞, 曹文尧. 2011. 超声波法提取欧洲鳞毛蕨中总黄酮的研究. 食品研究与开发, 32(6): 31-34.

华芳, 宋祖荣, 张国升, 等. 2013. 红豆杉多糖的研究进展. 齐齐哈尔医学院学报, 34(7): 1016-1017.

黄华艺, 查锡良. 2004. 黄酮类化合物抗肿瘤作用研究进展. 中国新药与临床杂志, (7): 47-52.

姜莉, 徐怀德, 李海鹏, 等. 2013. 超高压提取银杏叶总黄酮技术研究. 食品研究与开发, 34(19): 36-38.

孔蓓. 2015. HE 染色和免疫组化染色在犬乳腺肿瘤诊断中的应用. 杨凌: 西北农林科技大学硕士学位论文.

匡雪君, 王彩霞, 邹丽秋, 等. 2016. 紫杉醇生物合成途径及合成生物学研究进展. 中国中药杂志, 41(22): 4144-4149.

李霞. 2018. 分析紫杉醇联合卡培他滨一线治疗晚期胃癌的临床效果. 世界最新医学信息文摘, (29): 86.

李小江, 赵阳, 牟睿宇, 等. 2020. 注射用香菇多糖联合 AC 方案和紫杉醇治疗晚期三阴性乳腺癌的临床研究. 现代药物与临床, 35(1): 26-31.

李晓红, 陆艳红, 许丹, 等. 2015. 紫杉醇联合顺铂治疗卵巢癌的临床护理. 中国医药指南, (25): 201-202.

梁茂雨, 赵光远, 纵伟. 2007. 高压对从苹果渣中提取酚类物质的影响. 食品与机械, (4): 43-45.

梁艳, 邢蓉, 刘嘉莉, 等. 2014. 药代动力学新技术与新理论的研究进展. 中国药科大学学报, 45(6): 607-616.

廖维良, 赵美顺, 杨红. 2012. 超声波辅助提取技术研究进展. 广东药学院学报, 28(3): 347-350.

刘宝丽, 张玮琪, 王艳婷, 张程. 2020. 紫杉醇联合顺铂治疗卵巢癌的临床护理. 中外女性健康研究, (1): 53-55.

刘豪, 张冬青, 刘硕, 等. 2016. 金银花不同提取物抗氧化活性的研究. 食品研究与开发, 37(1): 48-52.

刘钦泽. 2012. 可控缓释材料与薄膜研究. 北京: 中国科学院大学硕士学位论文.

刘重芳, 吴志荣, 方青汉. 1992. 银杏叶总黄酮提取工艺探讨. 中成药, (7): 7-8.

罗登林, 袁海丽, 曾小宇, 等. 2010. 超声强化提取菊芋中菊糖的研究. 中国食品添加剂, (5): 107-112.

吕旭辉. 2018. 曼地亚红豆杉和亮叶杨桐化学成分研究. 南京: 南京中医药大学硕士学位论文.

吕阳成, 骆广生, 戴猷元. 2001. 中药提取工艺研究进展. 中国医药工业杂志, (5): 40-43.

马芳芳. 2018. 功能化 PVDF 电纺纤维薄膜的制备及其吸附性能研究. 成都: 西南交通大学硕士学位论文.

满瑞林, 乔亮杰, 倪网东, 等. 2008. 超临界 CO_2 萃取曼地亚红豆杉枝条中的紫杉醇. 精细化工, 25(12): 1206-1211.

毛俊年, 陈哲, 张春荣. 2015. 探讨紫杉醇联合三维适形放疗治疗局部晚期非小细胞肺癌的临床效果. 智慧健康, 4(17): 131-132.

潘学军, 刘会洲, 贾光和, 等. 2001. 从甘草中提取甘草酸不同提取方法的比较. 过程工程学报, (1): 102-105.

裘子剑, 张裕中. 2006. 基于超高压对撞式均质技术的物料粉碎机理的研究. 食品研究与开发, (5): 190-192.

屈平, 胡传荣. 2007. 超声波辅助提取苦荆茶中多酚类物质的研究. 食品与机械, (2): 15-17.

尚宇光, 李淑芬, 肖鸾. 2002. 植物中生物碱的提取工艺. 现代化工, (s1): 51-54.

沈岚, 冯年平, 韩朝阳, 等. 2002. 微波萃取对不同形态结构中药及含不同极性成分中药的选择性研究. 中草药, (7): 31-34.

宋晓, 张志林, 席强, 等. 2016. 多西紫杉醇联合同步放疗治疗局部晚期非小细胞肺癌的临床观察. 国际呼吸杂志, 36(22): 1703-1706.

王恒稳. 2016. 周剂量紫杉醇联合三维适形放疗治疗老年局部晚期食管癌 40 例疗效分析. 基层医学论坛, 20(12): 20-21.

王晖, 刘佳佳. 2004. 银杏黄酮的酶法提取工艺研究. 林产化工通讯, (1): 14-16.

王静, 王靓, 李威. 2018. 紫杉醇联合卡铂治疗卵巢癌的效果分析. 食用临床医药杂志, 22(1): 80-83.

王楷婷, 李春英, 倪玉娇, 等. 2017. 红豆杉的化学成分、药理作用和临床应用. 黑龙江医药, 30(6): 1196-1199.

王丽昀. 2010. 微波辅助提取天然产物有效成分工艺研究. 北京: 北京化工大学硕士学位论文.

王涛, 江泽飞, 宋三泰, 等. 2004. 单药希罗达治疗复发转移性乳腺癌的疗效观察. 中华肿瘤杂志, 26(6): 379-381.

王延峰, 李延清, 郝永红, 等. 2002. 超声法提取银杏叶黄酮的研究. 食品科学, (8): 166-167.

王志刚. 2007. 曼地亚红豆杉中紫杉醇的提取分离工艺及测定研究. 长沙: 中南大学硕士学位论文.

卫平. 2014. 麻黄类药对组成规律的基础研究. 广州: 南方医科大学博士学位论文.

卫强, 杨俊杰. 2019. 安徽 4 地红豆杉叶中挥发油成分分析. 淮海工学院学报 (自然科学版), 28(3): 26-31.

魏丽莎. 2014. 紫杉醇纳米晶体的制备及抗肿瘤研究. 北京: 中国人民解放军军事医学科学院.

吴超. 2012. 多孔淀粉泡沫纳米药物载体的构建及用于洛伐他汀载药的评价. 沈阳: 沈阳药科大学博士学位论文.

奚奇辉, 李士敏. 2004. 纤维素酶在竹叶总黄酮提取中的应用. 中草药, (2): 52-53.

肖斌. 2006. 靶向性抗肿瘤融合蛋白 RGD-hIL-24 的表达、纯化及体外活性研究. 重庆: 第三军医大学硕士学位论文.

徐蕊, 吴泰宗, 范杰平. 2013. 曼地亚红豆杉枝叶挥发油化学成分的 GC-MS 分析. 南昌大学学报 (工科版), 35(1): 22-28.

薛惠琴, 杭怡琼, 陈谊. 2001. 稻草秸秆中木质素、纤维素测定方法的研讨. 上海畜牧兽医通讯, (2): 15.

薛平, 姚鑫. 2016. 东北红豆杉枝叶不同提取部位体外降血糖活性研究. 海峡药学, 28(1): 31-34.

杨黎燕, 赵新法. 2008. 超声波提取决明子蒽醌成分的研究. 安徽农业科学, (5): 1726-1727, 1743.

杨星星, 王仁才, 张家银, 等. 2016. 南方红豆杉枝叶与果实中 6 种紫杉烷类化合物含量分析. 湖南农业大学学报 (自然科学版), 42(5): 549-553.

于晓军. 2017. 聚多巴胺纳米材料作为多功能载体用于联合放疗和光动力治疗肿瘤的研究. 苏州: 苏州大学硕士学位论文.

余先纯, 孙德林, 李湘苏. 2011. 超声波辅助提取柿子树叶单宁的研究. 化学研究与应用, 23(3): 345-349.

俞力月, 李海燕, 马云翔, 等. 2020. 多孔淀粉对姜黄素的吸附研究. 食品与发酵工业, 46(5): 224-230.

袁亚光. 2015. 超高压提取牡丹花黄酮及其抗氧化性和稳定性的研究. 济南: 齐鲁工业大学硕士学位论文.

袁志强. 2017. RGD 介导的环境敏感型胶束在治疗非小细胞肺癌中的应用. 苏州: 苏州大学博士学位论文.

张国艺. 2013. 基于聚磷酸酯的紫杉醇前药的合成、表征及性能研究. 苏州: 苏州大学硕士学位论文.

张梦军, 金建锋, 李伯玉, 等. 2002. 微波辅助提取甘草黄酮的研究. 中成药, (5): 12-14.

张敏. 2011. HE 染色在临床病理诊断中的应用. 齐齐哈尔医学院学报, 32(4): 552-553.

张鹏, 丁巍, 乔士兴, 等. 2012. RGDS 抑制胃癌细胞 BGC-823 生长的实验研究. 中国实验诊断学, 016(1): 102-104.

张文超, 蔡妙颜, 李琳, 等. 2001. 物理波强化提取金针菇多糖. 食用菌, (1): 5-7.

张志强, 苏志国. 2000. 正相和反相柱层析组合分离纯化紫杉醇. 生物工程学报, (1): 73-77.

章银良, 刘庭淼, 张鑫, 等. 2001. 微波破碎酵母细胞提取海藻糖的研究. 郑州轻工业学院学报, (4): 51-53.

赵雪, 杨逢建, 葛云龙, 等. 2019. 多孔淀粉负载青蒿素微球的溶出、生物利用度和组织分布研究. 植物研究, 39(4): 604-612.

郑品劲. 2016. 胆固醇——半乳糖苷配体修饰紫杉醇脂质体的制备及其抑制 HepG2 肿瘤细胞的研究. 广州: 广州中医药大学博士学位论文.

钟桃, 马大友, 刘丽君. 2017. 外源性 RGD 肽在肿瘤诊断与治疗中的应用研究进展. 中南药学, (10): 58-62.

周广麒, 祁东梅. 2008. 超声辅助预处理对糖料植物纤维酶解的影响. 四川食品与发酵, (1): 40-43.

Althuri A, Mathew J, Sindhu R, et al. 2013. Microbial synthesis of poly-3-hydroxybutyrate and its application as targeted drug delivery vehicle. Bioresource Technology, 145: 290-296.

Ansari K A, Torne S J, Vavia P R, et al. 2011. Paclitaxel loaded nanosponges: In-vitro characterization and cytotoxicity study on MCF-7 cell line culture. Current Drug Delivery, 8(2): 194-202.

Baby K C, Ranganathan T V. 2016. Effect of enzyme pre-treatment on extraction yield and quality of cardamom (*Elettaria cardamomum* Maton.) volatile oil. Industrial Crops and Products, 89: 200-206.

Bae J K, Kim Y J, Chae H S, et al. 2017. Korean red ginseng extract enhances paclitaxel distribution to mammary tumors and its oral bioavailability by P-glycoprotein inhibition. Xenobiotica, 47(5): 450-459.

Bose P C, Sen T C. 1961. Ultrasonic extraction of alkaloids from rauvolfia serpentina roots. Indian Journal of Pharmaceutical Sciences, 23(8): 222-223.

Bouquet W, Ceelen W, Fritzinger B, et al. 2007. Paclitaxel/beta-cyclodextrin complexes for hyperthermic peritoneal perfusion-Formulation and stability. European Journal of Pharmaceutics and Biopharmaceutics, 66(3): 391-397.

Chakravarthi S S, De S J, Miller D W, et al. 2010. Comparison of anti-tumor efficacy of paclitaxel delivered in nano- and microparticles. International Journal of Pharmaceutics, 383(1-2): 37-44.

Chavoshpour-Natanzi Z, Sahihi M. 2019. Encapsulation of quercetin-loaded beta-lactoglobulin for drug delivery using modified anti-solvent method. Food Hydrocolloids, 96: 493-502.

Chen R Z, Jin C G, Li H P, et al. 2014. Ultrahigh pressure extraction of polysaccharides from *Cordyceps militaris* and evaluation of antioxidant activity. Separation and Purification Technology, 134: 90-99.

Choi J S, Jo B W. 2004. Enhanced paclitaxel bioavailability after oral administration of pegylated paclitaxel prodrug for oral delivery in rats. International Journal of Pharmaceutics, 280(1-2): 221-227.

Coelho J P, Cristino A F, Matos P G, et al. 2012. Extraction of volatile oil from aromatic plants with supercritical carbon dioxide: Experiments and modeling. Molecules, 17(9): 10550-10573.

D'Addio S M, Prud'homme R K. 2011. Controlling drug nanoparticle formation by rapid precipitation. Advanced Drug Delivery Reviews, 63(6): 417-426.

Damen E W P, Wiegerinck P H G, Braamer L, et al. 2000. Paclitaxel esters of malic acid as prodrugs with improved water solubility. Bioorganic & Medicinal Chemistry, 8(2): 427-432.

Danhier F, Lecouturier N, Vroman B, et al. 2009. Paclitaxel-loaded PEGylated PLGA-based nanoparticles: In vitro and in vivo evaluation. Journal of Controlled Release, 133(1): 11-17.

Demaggio A E, Lott J A. 1964. Application of ultrasound for increasing alkaloid yield from Datura Stramoniun. Journal of Pharmaceutical Sciences, 53(8): 945-946.

Dias M L N, Carvalho J P, Rodrigues D G, et al. 2007. Pharmacokinetics and tumor uptake of a derivatized form of paclitaxel associated to a cholesterol-rich nanoemulsion (LDE) in patients with gynecologic cancers. Cancer Chemotherapy and Pharmacology, 59(1): 105-111.

Du S H, Wang L Q, Fu X T, et al. 2013. Hierarchical porous carbon microspheres derived from porous starch for use in high-rate electrochemical double-layer capacitors. Bioresource Technology, 139: 406-409.

Elkharraz K, Faisant N, Guse C, et al. 2006. Paclitaxel-loaded microparticles and implants for the treatment of brain cancer: Preparation and physicochemical characterization. International Journal of Pharmaceutics, 314(2): 127-136.

Erdogan S, Doganlar O, Doganlar Z B, et al. 2018. Naringin sensitizes human prostate cancer cells to paclitaxel therapy. Prostate International, 6(4): 126-135.

Feng S L, Chen K C, Wang C H, et al. 2016. Design, synthesis, and evaluation of water-soluble morpholino-decorated paclitaxel prodrugs with remarkably decreased toxicity. Bioorganic & Medicinal Chemistry Letters, 26(15): 3598-3602.

Ferioli F, Giambanelli E, D'Alessandro V, et al. 2020. Comparison of two extraction methods (high pressure extraction vs. maceration) for the total and relative amount of hydrophilic and lipophilic organosulfur compounds in garlic cloves and stems. An application to the Italian ecotype "Aglio Rosso di Sulmona" (Sulmona Red Garlic). Food Chemistry, 312: 126086.

Foger F, Malaivijitnond S, Wannaprasert T, et al. 2008. Effect of a thiolated polymer on oral paclitaxel absorption and tumor growth in rats. Journal of Drug Targeting, 16(2): 149-155.

Ghaffar N, Lee L S, Choi Y J, et al. 2019. Efficient heated ultrasound assisted extraction and clean-up method for quantifying paclitaxel concentrations in *Taxus wallichiana*. International Journal of Environmental Analytical Chemistry.

Ghasemi S, Nematollahzadeh A. 2018. Molecularly imprinted ultrafiltration polysulfone membrane with specific nano-cavities for selective separation and enrichment of paclitaxel from plant extract. Reactive & Functional Polymers, 126: 9-19.

Gibbens-Bandala B, Morales-Avila E, Ferro-Flores G, et al. 2019. Lu-177-Bombesin-PLGA (paclitaxel): A targeted controlled-release nanomedicine for bimodal therapy of breast cancer. Materials Science & Engineering C-Materials for Biological Applications, 105: 110043.1-110043.10.

Gu Q R, Xing J Z, Huang M, et al. 2013. Nanoformulation of paclitaxel to enhance cancer therapy. Journal of Biomaterials Applications, 28(2): 298-307.

Guan C, Liao X, Lou H, et al. 2009. Clinical significance of serum IL-18 and IL-18BP in patients with benign or malignant primary liver tumors. Cancer Biology & Medicine, 6(4): 282-285.

Han L F, Hu L J, Liu F L, et al. 2019. Redox-sensitive micelles for targeted intracellular delivery and combination chemotherapy of paclitaxel and all-trans-retinoid acid. Asian Journal of Pharmaceutical Sciences, 14(5): 531-542.

Hendrikx J, Lagas J S, Rosing H, et al. 2013. P-glycoprotein and cytochrome P450 3A act together in restricting the oral bioavailability of paclitaxel. International Journal of Cancer, 132(10): 2439-2447.

Hromadkova Z, Ebringerova A, Valachovic P. 2002. Ultrasound-assisted extraction of water-soluble polysaccharides from the roots of valerian (*Valeriana officinalis* L.). Ultrasonics Sonochemistry, 9(1): 37-44.

Hu W, Guo T, Jiang W J, et al. 2015. Effects of ultrahigh pressure extraction on yield and antioxidant activity of chlorogenic acid and cynaroside extracted from flower buds of *Lonicera japonica*. Chinese Journal of Natural Medicines, 13(6): 445-453.

Huh K M, Min H S, Lee S C, et al. 2008. A new hydrotropic block copolymer micelle system for aqueous solubilization of paclitaxel. Journal of Controlled Release, 126(2): 122-129.

Iida-Ueno A, Enomoto M, Tamori A, et al. 2017. Hepatitis B virus infection and alcohol consumption. World Journal of Gastroenterology, (15): 30-38.

Jegal J, Jeong E J, Yang M H. 2019. A Review of the different methods applied in ginsenoside extraction from *Panax ginseng* and *Panax quinquefolius* roots. Natural Product Communications, 14(9): 403-406.

Jeon K Y, Kim J H. 2007. Optimization of micellar extraction for the pre-purification of paclitaxel from *Taxus chinensis*. Biotechnology and Bioprocess Engineering, 12(4): 354-358.

Jin C, Guan J, Zhang D, et al. 2017. Supercritical fluid chromatography coupled with tandem mass spectrometry: A high-efficiency detection technique to quantify taxane drugs in whole-blood samples. Journal of Separation Science, 40(19): 3914-3921.

Jun X, Shao S, Lu B, et al. 2010. Separation of major catechins from green tea by ultrahigh pressure extraction. International Journal of Pharmaceutics, 386(1): 229-231.

Kamal M M, Nazzal S. 2019. Development and validation of a HPLC-UV method for the simultaneous detection and quantification of paclitaxel and sulforaphane in lipid based self-microemulsifying formulation. Journal of Chromatographic Science, 57(10): 931-938.

Kang M, Lee B, Leal C. 2017. Three-dimensional microphase separation and synergistic permeability in stacked lipid-polymer hybrid membranes. Chemistry of Materials, 29(21): 9120-9132.

Kapoor S, Gupta D, Kumar M, et al. 2016. Intracellular delivery of peptide cargos using polyhydroxybutyrate based biodegradable nanoparticles: studies on antitumor efficacy of BCL-2 converting peptide, NuBCP-9. International Journal of Pharmaceutics: S037851731630727X.

Karmali P P, Kotamraju V R, Kastantin M, et al. 2009. Targeting of albumin-embedded paclitaxel nanoparticles to tumors. Nanomedicine-Nanotechnology Biology and Medicine, 5(1): 73-82.

Katsanos K. 2016. Paclitaxel-coated balloons in the femoropopliteal artery it is all about the pharmacokinetic profile and vessel tissue bioavailability. Jacc-Cardiovascular Interventions, 9(16): 1743-1745.

Ketchum R E B, Luong J V, Gibson D M. 1999. Efficient extraction of paclitaxel and related taxoids from leaf tissue of *Taxus* using a potable solvent system. Journal of Liquid Chromatography & Related Technologies, 22(11): 1715-1732.

Kim G J, Kim J H. 2015. Enhancement of extraction efficiency of paclitaxel from biomass using ionic liquid-methanol co-solvents under acidic conditions. Process Biochemistry, 50(6): 989-996.

Kobayashi J I, Shigemori H. 2002. Bioactive taxoids from the Japanese yew *Taxus cuspidata*. Medicinal Research Reviews, 22(3): 305-328.

Konno T, Watanabe J, Ishihara K. 2003. Enhanced solubility of paclitaxel using water-soluble and biocompatible 2-methacryloyloxyethyl phosphorylcholine polymers. Journal of Biomedical Materials Research Part A, 65A(2): 209-214.

Krakowska A, Rafinska K, Walczak J, et al. 2018. Enzyme-assisted optimized supercritical fluid extraction to improve *Medicago sativa* polyphenolics isolation. Industrial Crops and Products, 124: 931-940.

Lee S J, Lee S Y, Chung M S, et al. 2016. Development of novel in vitro human digestion systems for screening the bioavailability and digestibility of foods. Journal of Functional Foods, 22: 113-121.

Li D L, Li H S, Xu Y K, et al. 2018. Solid pseudopapillary tumor of the pancreas: clinical features and imaging findings. Clinical Imaging, 48: 113-121.

Li H L, Li J M, He X Y, et al. 2019. Histology and antitumor activity study of PTX-loaded micelle, a fluorescent drug delivery system prepared by PEG-TPP. Chinese Chemical Letters, 30(5): 1083-1088.

Li X Y, Meng X J, Tan H, et al. 2018. Ultra-high pressure extraction of anthocyanins from *Lonicera caerulea* and its antioxidant activity compared with ultrasound-assisted extraction. International Journal of Agriculture and Biology, 20(10): 2257-2264.

Li Y C, Zhao L, Wu J P, et al. 2016. Cytokine-induced killer cell infusion combined with conventional treatments produced better prognosis for hepatocellular carcinoma patients with barcelona clinic liver cancer B or earlier stage: A systematic review and meta-analysis. Cytotherapy, 18(12): 1525-1531.

Licciardi M, Giammona G, Du J Z, et al. 2006. New folate-functionalized biocompatible block copolymer micelles as potential anti-cancer drug delivery systems. Polymer, 47(9): 2946-2955.

Liu S, Chen Y, Gu L J, et al. 2013. Effects of ultrahigh pressure extraction conditions on yields of berberine and palmatine from cortex *Phellodendri amurensis*. Analytical Methods, 5(17): 4506-4512.

Liu Y, Chen G S, Chen Y, et al. 2004. Inclusion complexes of paclitaxel and oligo(ethylenediamino) bridged bis(beta-cyclodextrin)s: solubilization and antitumor activity. Bioorganic & Medicinal Chemistry, 12(22): 5767-5775.

Liu Y J, Zhang B, Yan B. 2011. Enabling anticancer therapeutics by nanoparticle carriers: the delivery of paclitaxel. International Journal of Molecular Sciences, 12(7): 4395-4413.

Liu Z, Robinson J T, Sun X M, et al. 2008. PEGylated nanographene oxide for delivery of water-insoluble cancer drugs. Journal of the American Chemical Society, 130(33): 10876-10877.

Locatelli E, Broggi F, Ponti J, et al. 2012. Lipophilic silver nanoparticles and their polymeric entrapment into targeted-PEG-based micelles for the treatment of glioblastoma. Advanced Healthcare Materials, 1(3): 342-347.

Lu H X, Li B, Kang Y, et al. 2007. Paclitaxel nanoparticle inhibits growth of ovarian cancer xenografts and enhances lymphatic targeting. Cancer Chemotherapy and Pharmacology, 59(2): 175-181.

Luiz M T, Abriata J P, Raspantini G L, et al. 2019. In vitro evaluation of folate-modified PLGA nanoparticles containing paclitaxel for ovarian cancer therapy. Materials Science & Engineering C-Materials for Biological Applications, 105: 110038.

Mandal D, Shaw T K, Dey G, et al. 2018. Preferential hepatic uptake of paclitaxel-loaded poly-(d-l-lactide-co-glycolide) nanoparticles-A possibility for hepatic drug targeting: Pharmacokinetics and biodistribution. International Journal of Biological Macromolecules: S0141813017335778.

Marathe S J, Jadhav S B, Bankar S B, et al. 2019. Improvements in the extraction of bioactive compounds by enzymes. Current Opinion in Food Science, 25: 62-72.

Marinho C M, Lemos C O T, Arvelos S, et al. 2019. Extraction of corn germ oil with supercritical CO_2 and cosolvents. Journal of Food Science and Technology-Mysore, 56(10): 4448-4456.

Meng F, Zhong Y, Cheng R, et al. 2014. pH-sensitive polymeric nanoparticles for tumor-targeting doxorubicin delivery: concept and recent advances. Nanomedicine, 9(3): 487-499.

Moes J, Koolen S, Huitema A, et al. 2013. Development of an oral solid dispersion formulation for use in low-dose metronomic chemotherapy of paclitaxel. European Journal of Pharmaceutics and Biopharmaceutics, 83(1): 87-94.

Morikawa K, Tanaka K, Li F, et al. 2010. Analysis of MS/MS fragmentation of taxoids. Natural Product Communications, 5(10): 1551-1556.

Nasiri J, Naghavi M R, Alizadeh H, et al. 2015. Magnetic solid phase extraction coupled with HPLC towards removal of pigments and Impurities from leaf-derived paclitaxel extractions of *Taxus baccata* and optimization via response surface methodology. Chromatographia, 78(17-18): 1143-1157.

Oniszczuk A, Waksmundzka-Hajnos M, Podgorski R, et al. 2015. Comparison of matrix solid-phase dispersion and liquid-solid extraction methods followed by solid-phase extraction in the analysis of selected furanocoumarins from *Pimpinella* roots by HPLC-DAD. Acta Chromatographica, 27(4): 687-696.

Owiti A O, Mitra A, Joseph M, et al. 2018. Strategic pentablock copolymer nanomicellar formulation for paclitaxel delivery system. Aaps Pharmscitech, 19(7): 3110-3122.

Park J H, Park J H, Hur H J, et al. 2012. Effects of silymarin and formulation on the oral bioavailability of paclitaxel in rats. European Journal of Pharmaceutical Sciences, 45(3): 296-301.

Pattekari P, Zheng Z, Zhang X, et al. 2011. Top-down and bottom-up approaches in production of aqueous nanocolloids of low solubility drug paclitaxel. Physical Chemistry Chemical Physics, 13(19): 9014-9019.

Peltier S, Oger J M, Lagarce F, et al. 2006. Enhanced oral paclitaxel bioavailability after administration of paclitaxel-loaded lipid nanocapsules. Pharmaceutical Research, 23(6): 1243-1250.

Petrovic N V, Petrovic S S, Dzamic A M, et al. 2016. Chemical composition, antioxidant and antimicrobial activity of *Thymus praecox* supercritical extracts. Journal of Supercritical Fluids, 110: 117-125.

Pinyo J, Luangpituksa P, Suphantharika M, et al. 2016. Effect of enzymatic pretreatment on the extraction yield and physicochemical properties of sago starch. Starch-Starke, 68(1-2): 47-56.

Pires L, Hegg R, Valduga C, et al. 2009. Use of cholesterol-rich nanoparticles that bind to lipoprotein receptors as a vehicle to paclitaxel in the treatment of breast cancer: pharmacokinetics, tumor uptake and a pilot clinical study. Cancer Chemotherapy and Pharmacology, 63(2): 281-287.

Plotka-Wasylka J, Szczepanska N, de la Guardia M, et al. 2015. Miniaturized solid-phase extraction techniques. Trac-Trends in Analytical Chemistry, 73: 19-38.

Porta F, Lamers G E M, Morrhayim J, et al. 2013. Folic acid-modified mesoporous silica nanoparticles for cellular and nuclear targeted drug delivery. Advanced Healthcare Materials, 2(2): 281-286.

Pourmortazavi S M, Hajimirsadeghi S S. 2007. Supercritical fluid extraction in plant essential and volatile oil analysis. Journal of Chromatography A, 1163(1-2): 2-24.

Quan C, Sun Y Y, Qu J. 2009. Ultrasonic extraction of ferulic acid from *Angelica sinensis*. Canadian Journal of Chemical Engineering, 87(4): 562-567.

Rahimi M, Valeh-e-Sheyda P, Rashidi H. 2017. Statistical optimization of curcumin nanosuspension through liquid anti-solvent precipitation (LASP) process in a microfluidic platform: Box-Behnken design approach. Korean Journal of Chemical Engineering, 34(11): 3017-3027.

Rivkin I, Cohen K, Koffler J, et al. 2010. Paclitaxel-clusters coated with hyaluronan as selective tumor-targeted nanovectors. Biomaterials, 31(27): 7106-7114.

Rosello-Soto E, Koubaa M, Moubarik A, et al. 2015. Emerging opportunities for the effective valorization of wastes and by-products generated during olive oil production process: Non-conventional methods for the recovery of high-added value compounds. Trends in Food Science & Technology, 45(2): 296-310.

Routray W, Orsat V. 2012. Microwave-assisted extraction of flavonoids: A review. Food and Bioprocess Technology, 5(2): 409-424.

Ruel-Gariepy E, Shive M, Bichara A, et al. 2004. A thermosensitive chitosan-based hydrogel for the local delivery of paclitaxel. European Journal of Pharmaceutics and Biopharmaceutics, 57(1): 53-63.

Sanchez-Madrigal M A, Viesca-Nevarez S L, Quintero-Ramos A, et al. 2018. Optimization of the enzyme-assisted extraction of fructans from the wild sotol plant (*Dasylirion wheeleri*). Food Bioscience, 22: 59-68.

Shen Y C, Lo K L, Chen C Y, et al. 2000. New taxanes with an opened oxetane ring from the roots of Taxus mairei. J Nat Prod, 63(5): 720-722.

Shi J, Xiao Z, Votruba A R, et al. 2011. Differentially charged hollow core/shell lipid-polymer-lipid hybrid nanoparticle for small interfering RNA delivery. Angewandte Chemie International Edition, 50(31): 7027-7031.

Shirshekan M, Rezadoost H, Javanbakht M, et al. 2017. The combination process for preparative separation and purification of paclitaxel and 10-deacetylbaccatin Ⅲ using diaion (R) Hp-20 followed by hydrophilic interaction based solid phase extraction. Iranian Journal of Pharmaceutical Research, 16(4): 1396-1404.

Shu Y, Yin H R, Rajabi M, et al. 2018. RNA-based micelles: A novel platform for paclitaxel loading and delivery. Journal of Controlled Release, 276: 17-29.

Siegel R L, Miller K D, Jemal A. 2018. Cancer statistics, 2018. CA: A Cancer Journal for Clinicians, 68(1): 7.

Silva L A, Nascimento K A F, Maciel M C G, et al. 2006. Sunflower seed oil-enriched product can inhibit Ehrlich solid tumor growth in mice. Chemotherapy, 52(2): 91-94.

Sliwa K, Sliwa P, Sikora E, et al. 2019. Application of polyethylene/polypropylene glycol ethers of fatty alcohols for micelle-mediated extraction of *Calendula* anthodium. Journal of Surfactants and Detergents, 22(3): 655-661.

Stella V J, Nti-Addae K W. 2007. Prodrug strategies to overcome poor water solubility. Advanced Drug Delivery Reviews, 59(7): 677-694.

Sun C, Xie Y C, Liu H Z. 2007. Microwave-assisted micellar extraction and determination of glycyrrhizie acid and liquiritin in licorice root by HPLC. Chinese Journal of Chemical Engineering, 15(4): 474-477.

Sun H H, Li X N, Ma G H, et al. 2005. A facile two-column chromatographic process for efficient purification of paclitaxel from crude extract. Journal of Liquid Chromatography & Related Technologies, 28(4): 605-617.

Tan Z, Li Q, Wang C, et al. 2017. Ultrasonic assisted extraction of paclitaxel from *Taxus* x media using ionic liquids as adjuvants: Optimization of the process by response surface methodology. Molecules, 22(9): 1483.

Tao W, Zeng X W, Wu J, et al. 2016. Polydopamine-based surface modification of novel nanoparticle-aptamer bioconjugates for *in vivo* breast cancer targeting and enhanced therapeutic effects. Theranostics, 6(4): 470-484.

Thu H P, Nam N H, Quang B T, et al. 2015. *In vitro* and *in vivo* targeting effect of folate decorated paclitaxel loaded PLA-TPGS nanoparticles. Saudi Pharmaceutical Journal, 23(6): 683-688.

Torne S J, Ansari K A, Vavia P R, et al. 2010. Enhanced oral paclitaxel bioavailability after administration of paclitaxel-loaded nanosponges. Drug Delivery, 17(6): 419-425.

Tu Q Y, Zhou C S, Tang J P. 2008. Microwave assisted-semi bionic extraction of lignan compounds from fructus forsythiae by orthogonal design. Journal of Central South University of Technology, 15(1): 59-63.

Tuteja M, Kang M, Leal C, et al. 2018. Nanoscale partitioning of paclitaxel in hybrid lipid-polymer membranes. Analyst, 143(16): 3808-3813.

Upadhyay S, Khan I, Gothwal A, et al. 2017. Conjugated and entrapped HPMA-PLA nano-polymeric micelles based dual delivery of first line anti TB drugs: Improved and safe drug delivery against sensitive and resistant mycobacterium tuberculosis. Pharmaceutical Research, 34(9): 1944-1955.

Vardhan H, Mittal P, Adena S K R, et al. 2017. Development of long-circulating docetaxel loaded poly (3-hydroxybutyrate-co-3-hydroxyvalerate) nanoparticles: optimization, pharmacokinetic, cytotoxicity and *in vivo* assessments. International Journal of Biological Macromolecules: S0141813017304439.

Wang H, Ma X D, Cheng Q B, et al. 2018. Deep eutectic solvent-based ultrahigh pressure extraction of baicalin from *Scutellaria baicalensis* Georgi. Molecules, 23(12): 3233.

Wang S, Li C, Wang H, et al. 2016. A process optimization study on ultrasonic extraction of paclitaxel from *Taxus cuspidata*. Preparative Biochemistry and Biotechnology, 46(3): 274-280.

Wang T, Zhang F, Zhuang W, et al. 2019. Metabolic variations of flavonoids in leaves of *T. media* and *T. mairei* obtained by UPLC-ESI-MS/MS. Molecules, 24(18): 3323.

Wang Y L, Li X M, Wang L Y, et al. 2011. Formulation and pharmacokinetic evaluation of a paclitaxel nanosuspension for intravenous delivery. International Journal of Nanomedicine, 6: 1497-1507.

Wei C, Teng W, Liang C, et al. 2017. Folic acid-targeted polydopamine-based surface modification of mesoporous silica nanoparticles as delivery vehicles for cancer therapy. Journal of Controlled Release, 259: e132-e133.

Wei F, Shi L, Wang Q, et al. 2018. Fast and accurate separation of the paclitaxel from yew extracum by a pseudo simulated moving bed with solvent gradient. Journal of Chromatography A, 1564: 120-127.

Wu M, Zhong C, Zhang Q, et al. 2021. pH-responsive delivery vehicle based on RGD-modified polydopamine-paclitaxel-loaded Poly (3-hydroxybutyrate-co-3-hydroxyvalerate) nanoparticles for targeted therapy in hepatocellular carcinoma. Journal of Nanobiotechnology, 19(1): 39.

Xi J. 2017. Ultrahigh pressure extraction of bioactive compounds from plants: A review. Critical Reviews in Food Science and Nutrition, 57(6): 1097-1106.

Xi J, Shen D J, Li Y, et al. 2011. Comparison of in vitro antioxidant activities and bioactive components of green tea extracts by different extraction methods. International Journal of Pharmaceutics, 408(1-2): 97-101.

Xu H X, Lee D S F. 2001. Activity of plant flavonoids against antibiotic-resistant bacteria. Phytotherapy Research Ptr, 15(1): 39-43.

Yan L G, Xi J. 2017. Micro-mechanism analysis of ultrahigh pressure extraction from green tea leaves by numerical simulation. Separation and Purification Technology, 180: 51-57.

Yang L, Xing H, Qu H, et al. 2019. External field enhanced environmental responsive solid extraction technology. Progress in Chemistry, 31(11): 1615-1622.

Ye L, He J, Hu Z, et al. 2013. Antitumor effect and toxity of Lipusu in rat ovarian cancer xenografts. Food and Chemical Toxicology, 52: 200-206.

Yildiz N, Tuna S, Doker O, et al. 2007. Micronization of salicylic acid and taxol (paclitaxel) by rapid expansion of supercritical fluids (RESS). Journal of Supercritical Fluids, 41(3): 440-451.

Yin X Y, Luo Y-M, Fu J J, et al. 2012. Determination of hyperoside and isoquercitrin in rat plasma by membrane-protected micro-solid-phase extraction with high-performance liquid chromatography. Journal of Separation Science, 35(3): 384-391.

Yokosuka A, Mimaki Y, Sashida Y. 2004. Taccasterosides A C, novel C-28-sterol oligoglucosides from the rhizomes of *Tacca chantrieri*. Chemical & Pharmaceutical Bulletin, 52(11): 1396-1398.

Yoo K W, Kim J H. 2018. Kinetics and mechanism of ultrasound-assisted extraction of paclitaxel from *Taxus chinensis*. Biotechnology and Bioprocess Engineering, 23(5): 532-540.

Yu C, Hu Y, Duan J, et al. 2011. Novel aptamer-nanoparticle bioconjugates enhances delivery of anticancer drug to MUC1-positive cancer cells *in vitro*. PLoS One, 6(9): e24077.

Yu X C, Sun D L, Fu X J, et al. 2013. Ultrasonic-assisted semi-bionic extraction of tannins from wild persimmon leaves. Asian Journal of Chemistry, 25(18): 10191-10194.

Yue L, Zhang F, Wang Z X. 2010. Study on ultrasonic extraction of gastrodin from *Gastrodia elata* Bl. Separation Science and Technology, 45(6): 832-838.

Zhang H, Li Y, Zheng D, et al. 2019. Bio-inspired construction of cellulose-based molecular imprinting membrane with selective recognition surface for paclitaxel separation. Applied Surface Science, 456: 244-253.

Zhang J, Deng D, Zhu H, et al. 2012. Folate-conjugated thermo-responsive micelles for tumor targeting. Journal of Biomedical Materials Research Part A, 100A(11): 3134-3142.

Zhang X, Chen H J, Qian F, et al. 2018. Preparation of itraconazole nanoparticles by anti-solvent precipitation method using a cascaded microfluidic device and an ultrasonic spray drier. Chemical Engineering Journal, 334: 2264-2272.

Zhang Z W, Huang J, Jiang S J, et al. 2013. Porous starch based self-assembled nano-delivery system improves the oral absorption of lipophilic drug. International Journal of Pharmaceutics, 444(1-2): 162-168.

Zhu D, Tao W, Zhang H, et al. 2016. Docetaxel (DTX)-loaded polydopamine-modified TPGS-PLA nanoparticles as a targeted drug delivery system for the treatment of liver cancer. Acta Biomaterialia, 30: 144-154.

Zhu L, Chen L. 2019. Progress in research on paclitaxel and tumor immunotherapy. Cellular & Molecular Biology Letters, 24: 40.

Zhu Q, Liu F, Xu M, et al. 2012. Ultrahigh pressure extraction of lignan compounds from dysosma versipellis and purification by high-speed counter-current chromatography. Journal of Chromatography B-Analytical Technologies in the Biomedical and Life Sciences, 905: 145-149.